전자기 좀 아는 10대

전기와 자기, 빛을 이루는 이란성 쌍둥이

과학
좀 아는
십 대
08

전자기
좀 아는 10대

전기와 자기,
빛을 이루는
이란성 쌍둥이

고재현 글
방상호 그림

풀빛

하늘에 퍼져 나가는 번개의 정체는 무엇일까?

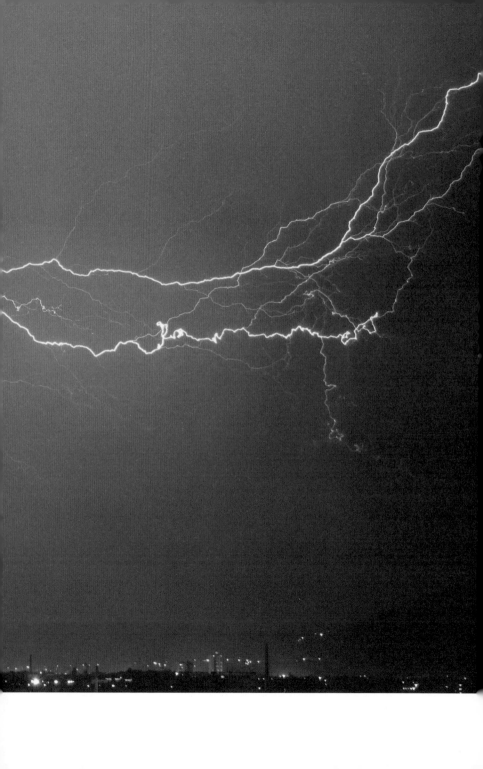

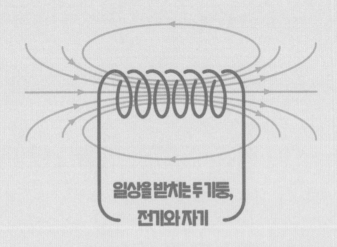

일상을 받치는 두 기둥, 전기와 자기

햇빛이 온 세상을 내리쬐는데 뭐 하고 있니? 아, 지금 친구 만나려고 외출 준비를 하는구나. 외출할 때는 제일 먼저 뭘 챙기니? 휴대전화와 보조 배터리? 나랑 똑같네? 누구나 느끼겠지만 이제 휴대전화는 남녀노소 모두에게 자기 몸의 일부처럼 중요해졌지. 처음 휴대전화가 나왔을 때는 벽돌처럼 크고 무거운데 기능이라고 할 만한 것은 고작 전화와 문자 정도밖에 없었어. 지금 생각하면 그 무거운 것을 어떻게 들고 다녔나 싶지만 걸어 다니면서 전화를 할 수 있다는 사실 하나만으로도 어마어마한 충격이었던 기억이 나네. 이제는 휴대전화 크기가 작아진 것은 물론이거니와 그걸로 게임도 하고 영화도 보고 너희가 자주 보는 유튜브에도 접속할 수 있고 온라인 결제까지 가능해졌으니 참 신기한 일이야.

휴대전화는 세상과 나를 연결해 주는 유일한 끈이라고 느낄 정도로 우리 일상 깊숙이 들어와 있어. 그런데 외출하고 시간이 지나면서 휴대전화 충전율을 나타내는 막대 길이가 줄어드는 것을 보면, 왠지 나와 세상을 연결해 주는 그 끈이 점점 가늘어지고 끊어질지도 모른다는 초조함을 느끼지 않니? 또 가끔 아파트나 전봇대에 연결된 변압기가 과부하를 못 이기고 폭발해서 아파트 단지 전체가 정전됐다는 뉴스를 들으면 괜히 가슴이 턱 하니 막히는 것 같은 답답함을 느끼기도 하지. 냉장고도, TV도, 컴퓨터도, 그리고 어둠을 밝히는 조명도 꺼져 버린 칠흑 같은 어둠 속에 갇힌 것 같아서 불안할지도 몰라. 이처럼 기기 하나라도 전기가 필요 없는 게 없어서 전기 없는 세상이라는 것은 상상하기 어려워.

그런데 대체 전기라는 게 뭘까? 그리고 그 전기는 왜 아직도 벽이나 멀티탭에 있는 콘센트에 코드를 꽂아야 얻을 수 있을까? 눈부시게 발전한 정보통신 혁명의 시대를 지나고 있다는데 우리는 왜 아직도 전선을 통해 전기를 얻는 고전적인 방법에서 벗어나지 못한 걸까? 혹시 조금씩 발전하는 무선 충전 기술이 전기 공급 체계에 어떤 혁명을 가져올 수 있지 않을까? 이런 의문이 들지 않니?

이 물음에 답하려면 제일 먼저 전기가 무엇인지 명확하게 알아야 해. 이 책에서는 우리 일상을 지배하는 전기의 정체를 파악하는 일부터 시작할 거야. 그것을 알면 전압, 전력, 전류, 전하 등 들어 보긴 했으나 정확한 의미를 모른 채 사용하던 성질들에 대해서 파악할 수 있어. 나아가 그 성질을 어떻게 기술로 활용하고 있는지도 알 수 있을 거야.

아, 잠시만. 하나 잊은 게 있다. 우리가 전기와 함께 여행을 떠나기 전에 전기의 이란성 쌍둥이도 데리고 가면 전기적 현상을 더 잘, 그리고 쉽게 이해할 수 있을 거야. 그건 대체 누굴까? 혹시 '전자기'란 말을 들어 봤니? 아, 빛이 전자기파의 일종이란 얘기도 들어 봤다고? ≪빛 쫌 아는 10대≫를 읽은 모양이구나. 그래 맞아. 빛은 곧 전자기파이고 여기서 전자기는 '전기'와 '자기'란 두 단어를 합쳐 쓴 것이지. 그만큼 둘은 떼려야 뗄 수 없는 쌍둥이 같은 관계이기 때문에 전기와의 여행에는 자기도 반드시 데리고 가야 해.

그런데 '자기'라고 하면 떠오르는 게 뭐야? 자석? 맞아. 자석이 바로 자기 현상을 만드는 대표적인 물체지. 그 밖에 또 뭐가 있을까? 아, 자기 현상이 전기 현상만큼 친숙하지 않아서 잘 모르겠다고? 하지만 자기 현상을 무시했다가는 큰코다칠지도 몰라. 자기 현상은 깜짝 놀랄 정도로 우리 주변에서 자주 쓰이니까 말이야. 몇 가지 예를 들어 볼게.

먼저 폐차장에서 자동차를 들어 올리는 데 사용하는 전자석이 있지. 그리고 현재 인천국제공항과 용유역을 오가는 자기 부상 열차가 있고. 요즘 많이 쓰는 로봇 청소기에도 자기 현상을 응용한 기술이 탑재됐어. 또 발전기와 모터, 스피커, 원형 가속기 등등 일일이 말하기에는 숨찰 정도로 많은 예를 들 수 있지만 지금은 일단 여기까지만 하자. 이 책을 끝까지 정독해서 전자기에 대해 명확히 알게 되면 굳이 언급하지 않아도 너희 스스로 사례를 찾고 알아차릴 테니까. 단, 그전에 전기와 자기는 그만큼 밀접히 연결되어 있고 따로 떼어 내서 생각하기 쉽지 않다는 걸 기억해 주길 바라. 그 연결고리를 파헤치는 게 이번 여행의 목적 중 하나거든.

이제 우리가 떠날 여행의 정체가 조금씩 밝혀지고 있어. 먼저 전기를 잘 이해하는 것, 그리고 이와 밀접히 연결된 자기 현상도 함께 이해하는 것! 그러면 이들이 발휘하는 힘인 '전자기력'이 사실상 우리가 일상에서 보는 대부분의 현상을 설명할 수 있다는 것까지도 알게 될 거야.

그전에 미리 우리 여행에 대해 조금 더 힌트를 줄게. 우리 여행의 출발지는 '원자'이고 종착지는 '빛'이야. 다시 말하자면 원자에서 출발해 빛까지 도달하는 과정에서 전기와 자기를 이해하는 여행이라는 얘기지. 갑자기 그게 무슨 뚱딴지같은 소리냐고? 그걸 듣느니 마인크래프트 한 판 더 하러 가겠다고? 에이, 그러지 말고 잠깐만 기다려 봐. 앞에서 말했듯이 우리 일상을 구성하는 것을 이해하려면 먼저 전기와 자기 현상을 이해해야 한단 말이야. 그런데 두 현상을 잘 이해하려면, 전기와 자기를 이해할 수 있는 단서가 들어 있는 원자의 구조부터 들여다봐야 해. 그리고 전기와 자기를 이해하면 이들이 듀엣으로 손을 잡고 부르는 이중창이 바로 빛이라는 걸 깨닫게 돼.

자연에 전기적 현상과 자기적 현상이 존재한다는 것은 고대 중국이나 그리스 로마 시대부터 잘 알려져 있었어. 고대 사람들이 원리를 완벽히 이해한 것은 아니지만 나침반을 항해에 이용하기도 했지. 과학의 역사를 살펴보면 전기를 연구한 학문과 자기를 연구한 학문은 분리되어 있었어. 자석이 철을 잡아당기는 자기 현상과 정전기가 일으키는 스파크와 같은 전기 현상은 겉으로 보이는 모습이 너무도 달라서 그 둘이 긴밀히 연결되어 있을 거라고는 생각을 못한 거야. 그러다 18~19세기를 거치면서 이 둘이 매우 밀접히 연결되어 있다는 실험적 증거들이 나오게 돼. 전기와 자기의 통합이 이루어진 거지. 그 과정에서 맨 먼저 영국의 과학자 마이클 패러데이가 등장했고 그다음으로 제임스 클러크 맥스웰이 전기와 자기를 최종적으로 통합하면서 전자기 이론이 완성돼. 그리고 그 끝에는 앞에서 이야기한 대로 전자기파와 빛이 자리 잡고 있어. 정리하자면 맥스웰은 전기와 자기 이론을 통합함으로써 결국 빛에 대한 이론인 광학의 기반도 완성했지.

전기와 자기에 대한 연구는 오늘날의 과학을 쌓은 여러 거대한 기둥 중 하나야. 너희와 함께 그 기둥이 어떻게 완성되었는지 탐험하려고 해. 전기와 자기에 대한 이해는 오늘날 정보통신 문명을 일으킨 현대 과학을 이해하는 발판이 될 거야. 반도체와 디스플레이, 4차 산업혁명, 에너지 기술 등 요즘 뉴스에 오르내리는 과학과 기술의 주제들도 이들과 무관하지 않아. 산업이 발전하고 기술이 복잡해질수록 그것들이 우리 생활을 윤택하게 바꾸리라는 것을 예상할 수 있겠지. 하지만 그 기술뿐만 아니라 이를 가능케 하는 과학과 원리를 제대로 이해해야 우리는 기술에 종속되어 살아가는 수동적인 존재가 아니라 기술을 능동적으로 활용하는 주체적인 존재가 될 수 있을 거야. 그런 면에서 이 여행은 네게 현대 기술 문명을 이해하는 단초를 마련해 주리라 확신해. 자, 이제 힘차게 첫걸음을 내딛어 볼까?

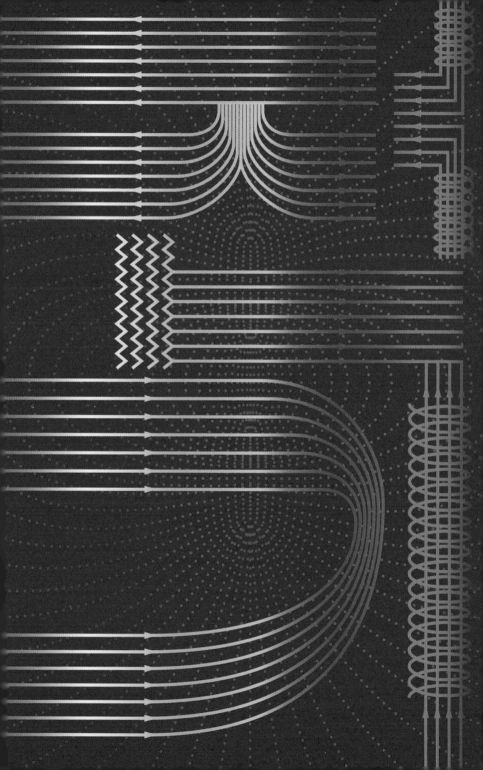

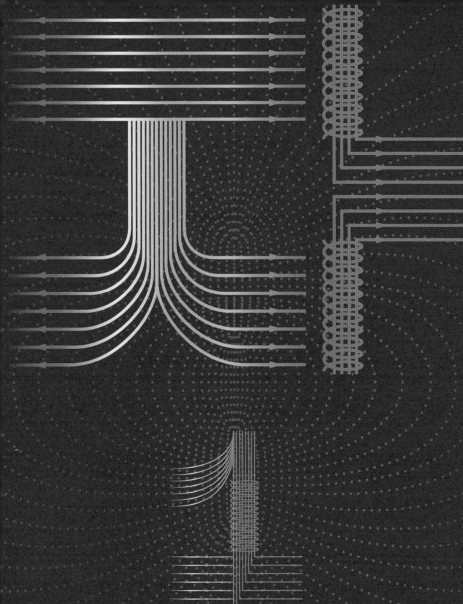

전하와 전기력

건조한 겨울철에 사람들을 괴롭히는 건 뭘까? 살을 에는 듯한 엄동설한의 추위나 얼음으로 뒤덮여 미끄러운 도로도 생각나겠지만 수시로 등장하는 정전기를 떠올리는 사람도 많을 것 같아. 정전기란 물체에 머물러 있는 전기를 말하는데, 자동차 문을 열거나 털옷을 입을 때, 그리고 다른 사람과 악수할 때 번쩍거림과 함께 발생해서 순간적인 충격과 불쾌감을 주지. 사진 1-1의 고양이 몸에 달라붙은 스티로폼처럼 때로는 작은 종이 조각이나 헝겊을 잡아당기기도 하는 정전기의 정체는 도대체 뭘까? 그리고 우리가 매일 사용하는 전기와 정전기는 어떤 관계가 있을까? 우리의 얘기는 바로 이러

1-1 집사야, 이것들이 왜 내 몸에 달라붙은 것이냥? (출처: 위키피디아)

한 일상의 호기심으로부터 출발해.

　마찰을 통해 정전기 현상이 발생한다는 건 고대 그리스 시대부터 잘 알려져 있었어. 혹시 호박이라고 들어 봤니? 학교 급식 메뉴로 나오는 음식 재료가 아니라 소나무에서 분비되는 액체인 송진이 땅속에서 굳어 변한 것을 말해. 호박은 색깔이 참 예뻐서 보석으로 많이 쓰였는데, 이 호박에 광을 내기 위해 옷감이나 다른 물체로 닦고 나면 호박이 지푸라기나 천 조각 등을 잡아당기는 걸 쉽게 관찰할 수 있었거든. 당시 이 현상의 원인을 몰랐던 고대 사람들은 호박을 두고 영혼이 깃들어 있는 신의 광물이라면서 신기하게만 생각했지. 고대 그리스의 현인인 탈레스(Thales, 기원전 625?~기원전 547?)는 물질을 쉽게 끌어당기는 호박에 그리스어 ilektron이라는 이

1-2 송진이 굳어 만들어진 호박. 안에 곤충이나 생물체가 있으면 더 귀하게 여겨져! (출처: 위키피디아)

름을 붙였어. 재미있게도 이것은 오늘날 영어로 electron이라 불리는 전자의 어원이 됐지. 그 뒤 사람들은 호박뿐 아니라 다른 물체들도 마찰을 통해 정전기를 유도할 수 있다는 걸 알게 돼. 그리고 정전기에는 두 종류가 있고 자기들끼리 힘을 주고받는다는 사실도 알게 되지.

정전기 현상은 한여름 장마철에 자주 등장하는 번개와 관련이 있어. 두 현상은 스케일만 다를 뿐 사실은 둘 다 **전하**(Charge)랑 관련이 있거든. 번개는 하늘에서 펼쳐지는 블록버스터급 정전기 현상이라고 해도 틀린 말이 아니야. 전하라는 말을 예전에 들어 본 적이 있니? 응? 양전하, 음전하란 말도 들어 봤다고? 그래, 전하는 바로 전기적 현상의 중심에 있는 주연이야. 평상시에는 양전하와 음전하가 균형을 이루고 있어서 자신들의 정체를 드러내지 않지만 정전기나 번개와 같은 전기적 현상은 전하의 존재를 우리에게 일깨워 주지.

전하가 서로에게 미치는 힘, 즉, 전기력은 우리가 매일 보는 다양한 전기적 현상의 배후에 자리 잡고 있어. 그런데 전하를 더 자세히 들여다보려면 먼저 물질의 최소 구성 단위인 원자에서 출발해야 해. 오늘날 우리는 주변의 모든 물질(심지어 몸까지!)이 원자로 이루어져 있다는 걸 잘 알고 있어. 원자에 대해 본격적으로 얘기해 보자면 고대 그리스 시대에 살았던, 그리고 이 세상이 변하거나 나뉘지 않는 원자로 이루어져 있다고 설명한 데모크리토스까지 거슬러 올라가야 할 거야. 그렇지만 원자 발견에 이르는 방대한 역사를 일일이 추적하는 건 너무 많은 시간이 필요할 거야. 이 책에서는 오늘날 과학자들이 발견해 낸 원자의 모습을 직접 들여다보도록 하자.

전하의 기원을 찾아

데모크리토스(Democritus, 기원전 460?~기원전 380?)에게 원자는 더 이상 나뉠 수 없는 최소 구성 단위였지만, 19세기에 접어들면서 원자 내부에도 더 작은 성분이 있다는 것이 밝혀져. 이를 처음으로 발견한 사람은 영국의 물리학자 조지프 톰슨(Joseph John Thomson, 1856~1940)이야. 톰슨은 금속으로 만든 전극(음극)에 전압을 가했을 때 튀어나오는 입자의 흐름(음극선)을 연구했는데, 이 입자는 음전하를 띠고 수소 원자 무게의 1000분의 1 이하라는 것을 발견하지. 원자가 자신의 내부 구조를 인류에게 처음으로 드러낸 순간이었어.

원자로 이루어진 물질들은 보통 양전하와 음전하가 균형을 이루는 중성을 띠며 안정하게 존재해. 그러니 음전하가 존재하려면 음전하를 상쇄할 양전하가 원자 속에 있어야겠지? 이를 설명하기 위해 톰슨은 건포도빵을 이용했어. 건포도빵을 보면 빵 안에 건포도가 오밀조밀 박혀 있잖아? 마찬가지로 톰슨은 양전하로 이루어진 구 속에 음전하를 띤 전자들이 건포도처럼 박혀 있다고 생각한 거야(그림 1-3 왼쪽 그림).

이 발견 이후 몇십 년은 원자 연구의 황금기라 할 만큼 역사적인 발견이 이루어졌어. 먼저 뉴질랜드계 영국인 과학자 어니스트 러더퍼드(Ernest Rutherford, 1871~1937)는 얇은 금박에 알파 입자®를 쏘는 실험을 통해 원자는 양전하를 띠면서 질량의 대부분을 차지하는 원자핵과, 음전하를 띠면서 원자핵 주위를 도는 전자로 이루어져 있다는 걸 발견하지(그림 1-3 오른쪽 그림). 러더퍼드의 원자 모형은 흡사 태양 주위를

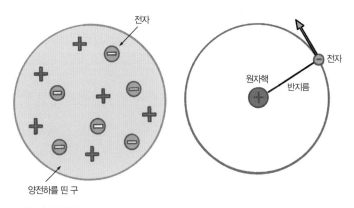

1-3 톰슨이 생각한 원자 구조(좌)와 러더퍼드가 발견한 원자 구조(우). 두 그림의 차이를 알겠니?

행성들이 도는 모습을 연상시킨다고 해서 흔히 태양계 모형이라고도 불러. 훗날 연구가 거듭되면서 이런 원자 모형도 문제가 있다는 게 밝혀졌지만 결국 원자에 대한 이론적 탐험이 현대물리학의 한 기둥인 양자역학을 완성해.

하지만 우리의 이번 여행은 원자보다는 원자의 구성 요소이자 전기적 현상의 주인공인 원자핵과 전자에 집중하는 거야. 전자는 음(−)의 전기적 성질을 띠고 원자핵은 양(+)의 전기적 성질을 띠는데,** 좀 더 정확히 말하자면 원자핵을 구성하는 양성자라는 입자가 양전하를 가지고 있어. 이 전기적 성질을 측정할 수 있는 수량으로 표현한 것이 바로 전하야. 물체의 무거움이나 수량을 표현하기 위해 질량을 사용하는 것과 비슷하지. 그리고 전하의 양, 즉 전하량이 커질수록 전기적 성질이나 영향도 더 세지게 돼. 질량이 커지면 중력도 그에 따라 커지는 것과 비슷하지.

혹시 할아버지 할머니의 말씀을 듣거나 오래된 책을 볼 때

〰● 알파 입자는 헬륨(He) 원자의 원자핵을 일컫는 말인데, 양성자 두 개와 중성자 두 개로 이루어져 있고 양전하를 띠는 입자야.
〰●● 여기서 양과 음의 구분은 임의적인 거야. 만약 역사적으로 전자를 양전하, 원자핵을 음전하로 불렀다면 지금 통용되는 표현과 정반대의 의미로 쓰이겠지. 중요한 것은 전하에 두 종류가 있고 이를 구분하기 위해 음과 양이라는 용어를 도입했다는 사실. 필요하다면 A, B로 구분할 수도 있겠지만 양과 음으로 나누는 것은 물리학을 공부하는 사람들의 약속이라고 할 수 있으니 여기서도 양과 음으로 구분하도록 할게.

'음양의 조화'라는 말을 접해 본 적 없니? 날씨가 너무 더우면 에어컨을 켜고 또 너무 추우면 보일러를 켜서 우리가 생활하기 적당한 균형 상태를 유지하려고 하잖아. 그런 것처럼 전자의 전하량과 원자핵의 전하량은 정확히 균형을 이루고 있어서 물질들은 보통 중성을 나타내지. 즉, 일반적인 상황이라면 물질은 특별한 전기적 성질을 나타내지 않는다는 얘기야. 그런데 원자로 구성되고 중성 상태를 유지하던 어떤 물체에 격렬한 마찰을 일으켜 계속 부딪히게 하거나 열 에너지를 가하면, 한 물질의 원자에 있는 전자가 떨어져 나가거나 다른 물질로 옮겨 갈 수 있어. 음전하인 전자를 잃은 원래 물질은 중성 상태가 깨지며 양전하를 띠게 되고 여분의 전자를 얻은 다른 물질은 음전하를 가지게 돼. 이렇게 중성이었던 물체가 전자를 잃거나 얻음으로써 전하를 띠게 되면 그 물체는 **대전**(Electrification)되었다고 표현하지.

　여기까지 잘 따라왔니? 아직 모르겠다면 다시 한 번 읽어서 개념을 확실히 하고 와도 돼. 빈 종이에 핵심 키워드를 하나씩 써 내려가면서 이해해도 괜찮을 것 같고. 방법은 여러 가지니까 너만의 방법을 한번 생각해 봐도 괜찮아. 다 이해했어? 자, 그럼 이제 정전기가 왜 발생하는지 이해할 준비가 된 것 같네.

그림 1-4를 보자. 그림은 실크로 된 천으로 유리 막대를 비비며 마찰을 일으키는 상황을 보여 주고 있어. 마찰로 인해 열 에너지가 발생하면 그 에너지로 인해 유리 막대 속에서 원자를 구성하던 전자들이 실크 천으로 이동하게 돼. 그러면 전자가 부족해진 유리 막대는 양전하를 띠게 되고 전자를 얻은 실크 천은 음전하를 띠게 되지. 이렇게 음전하와 양전하를 띠는 두 물체의 거리가 가까워지면 스파크가 튀며 순간적으로 찌릿함을 느끼게 돼. 그리고 그 찌릿함이 하늘이라는 넓고 거대한 곳에서 일어났을 때 우리는 그것을 번개라고 부르는 거고. 스파크와 번개의 정체에 대해서는 뒤에서 다시 설명할 테

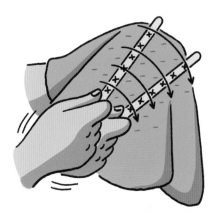

1-4 실크 천에 유리 막대를 문지르면 유리 막대에 있던 음전하인 전자가 실크 천으로 옮겨 가게 돼!

니 조금만 기다려 줘.

다시 정리를 해 보자. 전하는 질량과 마찬가지로 물질의 기본 속성이라고 볼 수 있어. 특히 전자와 같은 기본 입자들의 성질을 규정해 주는 물리량 중 하나야. 그런데 전하에는 최소량, 즉 가장 작은 단위가 있을까? 지금까지 알려진 바로는 전자가 가지는 전하량이 자연에 존재할 수 있는 전하의 최소 단위야.[*] 우리가 자연에서 발견하는 전하의 양은 모두 전자가 가지는 전하량의 배수로 표현되지.

그런데 질량을 측정할 때는 킬로그램(kg)이라는 단위를 사용하고 길이를 잴 때는 미터(m)라는 단위를 이용하잖아? 그렇다면 전하량을 측정할 때도 단위가 필요하다는 것을 눈치챘겠지? 물리학자들은 전하량을 측정하는 단위로 쿨롱(C)을 쓰기로 약속했어. 전기력의 형태를 발견한 프랑스 과학자인 샤를 드 쿨롱(Charles Augustin de Coulomb, 1736~1806)의 업적을 기려 그의 이름을 단위로 이용한 거지.

자, 그럼 전자의 전하량은 얼마나 될까? 답은 1.6×10^{-19} 쿨롱이야. 부호는 물론 음이고. 10의 뒤에 지수로 붙은 −19의 의

〰● 원자핵을 구성하는 양성자와 중성자를 이루는 쿼크(Quark)라는 더 작은 기본 입자는 전자의 전하량보다 더 작은 전하량을 가지고 있어. 그렇지만 쿼크는 일반적인 조건에서는 개별적으로 존재할 수 없기 때문에 여기서는 논외로 하자.

미가 뭔지 모르겠다고? 그건 분수에서 분자가 1이고 분모에는 1 뒤에 0이 19개나 붙은 엄청나게 큰 수가 있다는 의미야. 즉 전자의 전하량은 1쿨롱을 기준으로 비교하면 매우 작은 양인 거지. 전자가 6,240,000,000,000,000,000개가 모여야 1쿨롱의 전하량이 만들어진다는 의미이니 전자의 전하량이 얼마나 작은지 알 수 있겠지?

끌고 미는 힘, 전기력

다음으로는 전하들끼리 작용하는 힘인 전기력을 알아볼 차례야. 물리학자들은 우리가 사는 우주에 네 가지 종류의 근본적인 힘이 존재한다는 것을 밝혀냈어. 그중 강력과 약력은 원자핵과 관련된 힘이니 여기서는 이야기하지 않을게. 대신 우리가 일상에서 느끼는 중력과 전기력, 이렇게 두 힘을 살펴보기로 하자.

힘이라고 했을 때 가장 먼저 떠오르는 힘은 뭐니? 늘 우리 주위에 있고 너무 익숙해서 작용하고 있다고 느끼지 못하지만 엄연히 우리 몸을 땅 위에 붙들어 매는 힘, 중력이야. 만유인력이라고도 하지. 중력은 질량을 가진 물체 사이에서 서로 끌어당기는 힘이야. 우리가 땅에 붙어 있는 건 지구와 우리가 서로 당기는 중력 때문이고, 지구가 태양 주변을 도는 것도 태양과 지구가 서로를 당기는 중력 때문이지. 즉, 질량을 가진 모든 물체는 서로를 끌어당기는 운명을 가지고 있어.

이와 비슷하게 전하를 가진 물체들 사이에도 힘이 작용해. 이게 바로 여기서 이야기할 전기력이야.* 그런데 흥미롭게도 중력과 전기력은 여러 공통점을 가지고 있단다. 첫 번째 특징으로 두 물체의 질량이 클수록 만유인력도 세지는 것처럼 두 물체의 전하량이 클수록 전기력도 강해져. 더 정확히 표현하면 전기력은 두 전하의 전하량의 곱에 비례하지. 만약 두 물체의 전하량이 각각 두 배로 커지면 전기력은 네 배 강해지게 된다는 의미야. 두 번째 특징은 두 힘 모두 거리가 멀어질수록 힘의 세기가 급격히 약해지는 거야. 정확히 말해서 거리가 두 배로 늘어나면 힘은 4분의 1로 줄어들고, 거리가 열 배로 늘어나면 힘은 100분의 1로 줄어들지. 이런 관계를 수학적으로 '힘이 거리의 제곱에 반비례한다'라고 말할 수 있어.

그런데 중력과 전기력은 이렇게 공통점만 있는 게 아니라 결정적인 차이점도 있어. 첫 번째 차이점은, 중력은 질량을

〰️● 전기력의 작용 방식과 형태를 처음으로 밝힌 사람이 프랑스 과학자 쿨롱이야. 그래서 전기력을 '쿨롱 힘'이라고도 부른단다.

가진 두 물체 사이에 서로를 끌어당기는 힘인 **인력**만 존재하지만 전기력은 전하의 부호에 따라 끌어당기는 인력과 서로를 밀어내는 **척력**이 함께 존재한다는 거야. 예를 들어 만약 두 물체가 가진 전하의 부호가 같으면(양과 양, 혹은 음과 음) 서로를 밀어내는 척력이 작용하고, 전하의 부호가 다르면 서로를 끌어당기는 인력이 작용해. 가령 그림 1-5처럼 전하를 가진 두 물체를 얇은 실을 이용해 매달아 놓으면, 각 물체에 쌓인 전하의 부호에 따라 척력이 작용해 서로를 밀어내기도 하고 인력이 작용해 서로를 끌어당기기도 하지. 만약 질량에도 두 종류가 있어서 중력에도 척력이 작용한다고 상상해 보자. 전하의 부호가 같으면 서로 밀어낸다고 했지? 비슷한 방식으로 같은 종류의 질량 사이에 척력이 작용하면 우리는 우주 밖으로 튕겨 나갈 수도 있지 않을까? 중력에는 전기력처럼 척력이 없어서 정말 다행일지도 몰라.

두 번째 차이점을 보자. 질량 사이에 발생하는 중력과 전하

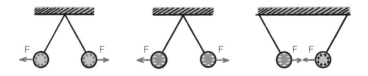

1-5 부호가 같은 물체는 서로를 밀어내고, 부호가 다른 물체는 서로를 잡아당겨!

들 사이에 작용하는 전기력의 힘을 비교해 보면 후자의 힘이 훨씬 강력해. 그 차이가 구체적인 수치로는 비교하기 힘들 정도로 너무나 크기 때문에 두 물체 사이에 중력과 전기력이 같이 존재한다면 중력은 무시해도 된다고 해도 과언이 아닐 정도로 전기력의 힘이 강력하지.

그런데 조금 이상하지 않니? 우리 주변의 모든 물질은 원자로 이루어져 있고 원자는 양전하와 음전하를 가지고 있으니 전기력이 존재하는데 왜 우리 눈에는 중력만 작용하는 것처럼 보일까? 게다가 중력보다 전기력이 훨씬 강력하다면 이세상은 전기력이 지배하는 세상이 되어야 하는데 말이야. 충분히 그런 의문이 들 수 있어. 이유는, 앞에서 언급한 대로 특별한 일이 없다면 물질들은 양과 음의 균형을 이루어 중성인 상태로 안정되어 있고 특별히 다른 전기적 성질을 띠지 않기 때문에 전기력이 눈에 들어오지 않는 거야. 앞에서 전기력은 마찰 등을 통해 전하의 균형과 중성의 상태를 깨야만 제 힘을 발휘할 수 있다고 말했잖아. 그런데 현실에서는 균형과 중성 상태를 깰 만한 일이 자주 생기지 않거든.

여기까지 언급한 내용을 종합해 보면 전기력은 중성 상태로 있다가 외부 에너지로 중성 상태가 깨지면 자신의 괴물 같은 힘을 발휘하는 존재라 할 수 있어. 평상시에는 조용한데 한번 화내면 무서워지는 사람처럼 말이야.

그럼 이제 전기력을 확인할 수 있는 간단한 실험을 하나 소개할게. 겨울처럼 건조한 시기라면 누구나 쉽게 할 수 있는 실험이야. 우선 빗과 작게 자른 종이 조각 여러 개를 준비하고 빗으로 머리를 빗어 봐. 그럼 빗과 머리카락의 접촉으로 인해 머리카락에 있는 전자가 빗으로 이동하기 때문에 머리카락은 양전하를, 빗은 음전하를 띠게 돼. 그 상태에서 빗을 종이 조각들에 가까이 대면 어떤 일이 벌어질까?

그림 1-6을 가지고 설명해 볼게. 아까 우리 주변에 있는 물질들은 대체로 양전하와 음전하가 정확히 균형을 이루며 중성 상태에 있다고 했지? 때문에 평소에는 종이 조각도 중성이고 종이 조각을 구성하는 원자들도 중성이지. 그렇지만 음전하로 대전된 빗이 가까이 다가가면 종이에서 중성을 띠던 원자들에 변화가 일어나게 돼. 원자는 양전하인 원자핵과 음전하인 전자로 구성되어 있다는 거 기억나지? 여기에 음전하를 띤 빗이 다가오면 어떻게 될까? 전기력의 영향을 받아 양전하인 원자핵은 빗에 더 끌리고 음전하인 전자들은 밀려나게 되지. 종이 속 원자들에 변형이 생기면서 양전하의 중심과 음전하의 중심이 그림처럼 갈라지는 거야. 이때 빗의 음전하와 종이 원자의 양전하(원자핵) 사이에는 인력이, 빗의 음전하

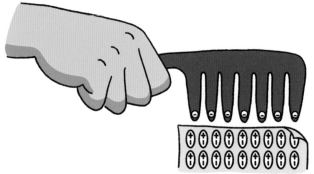

1-6 음전하를 띠는 빗을 갖다 대자 양전하와 음전하가 균형을 이루어 중성을 띠던 종이 조각 속 원자들에 변화가 일어나게 돼. 종이 조각의 양전하는 음전하보다 빗에 가까이 있으니 종이 조각은 자신의 양전하와 빗의 음전하 사이에 작용하는 인력이 더 강해서 빗에 달라붙는 거지.

와 종이 원자의 음전하(전자) 사이에는 척력이 작용하겠지. 어디가 이길까? 맞아. 전기력은 더 가까울수록 힘이 세니까 인력이 척력을 이겨. 그래서 종이 조각이 사진처럼 빗에 끌려

올라가는 거란다. 아주 간단한 실험이니 겨울에 한번 꼭 해 보기 바라.

그런데 왜 하필이면 겨울일까? 그건 습도가 높은 여름철에는 공기 중 수증기(물 분자)가 대전된 물체의 전하들을 쉽게 중화해서 없애 버리기 때문에 정전기의 효과를 직접 관찰하기가 쉽지 않기 때문이야. 그래서 가습기를 틀어서 습도를 높이는 것도 정전기가 생기는 것을 방지하는 한 방법이지.

어때? 이제 조금씩 우리 주변에서 일어나는 일들이 이해 되니? 책을 읽어 나갈수록 세상에 대한 지식을 단순히 암기하는 것이 아니라 지금처럼 원리를 이해하고 이를 바탕으로 다양한 현상을 이해할 수 있게 될 거야. 다음 이야기로 넘어가보자.

전하가 힘을 미치는 독특한 방식

이제 전하와 전하 사이에 전기력이 어떤 방식으로 작용하는지 같이 고민해 볼까? 우선 호흡을 가다듬고 이야기하자. 이건 상당히 어려운 문제라서 오랫동안 물리학자들을 괴롭혔던 주제였어. 중력에 대해서도 같은 질문을 할 수 있지. 대체 태양과 지구 사이에서 중력은 어떻게 작용할까? 속도가 초속 30만 킬로미터에 달할 정도로 빛은 우주에서 가장 빠르지만 태양과 지구 사이 거리는 약 1억 5천만 킬로미터 정도로 멀기 때문에 태양에서 나온 빛은 8분 이상 달려야 겨우 지구에 도착할 수 있어. 그럼 태양과 지구는 아무것도 없는 우주 공간을 뛰어넘어 어떻게 서로를 알아보며 상대방에게 중력을 미치는 걸까?

우리가 일상에서 경험하는 힘은 보통 접촉을 통해 이루어지는 경우가 많지. 책상 위에 놓인 물컵에 손을 대고 밀면 컵이 힘을 받아 움직이잖아? 우리는 이런 힘을 **접촉력**이라 불러. 반면 중력과 전기력은 물체끼리 직접 접촉하지 않아도 공간을 뛰어넘어 작용하는 힘인데, 이렇게 떨어져 있으면서 원격으로 작용하는 힘을 **원격 작용력**이라 부르지.

그렇지만 논리적으로 과학적인 설명 대신 공간을 뛰어넘어 순간적으로 작용하는 힘이 있다고 결론을 내면 물리학자들의 마음이 편했을까? 만유인력을 발견한 영국의 과학자 아이작 뉴턴(Isaac Newton, 1643~1727)도 질량을 가진 물체 사이에는 중력이 순간적으로 공간을 뛰어넘어 작용하는 원격작용이 있다는 개념을 제안했지만 그것을 그다지 좋아하지는 않았다고 해. 전기력도 마찬가지였지. 전기력에 대한 체계적인 연구가 시작된 초기 과학자들도 열심히 연구했지만 눈에 보이지 않는 힘이 공간을 뛰어넘어 어떻게 작용하는지 명쾌하게 설명하는 이론은 없었어. 하지만 과학계에서 뉴턴의 위상이 워낙 높았기 때문에 그것을 반박할 생각보다 뉴턴의 생각에 따라 전하들 사이의 전기력은 순간적으로 작용한다, 다시 말해 전기력도 중력처럼 원격 작용력을 가진다고 생각한 거야.

그런데 이를 다른 방식으로 보려는 과학자가 있었어. 가장 대표적인 사람이 영국의 위대한 과학자 마이클 패러데이(Michael Faraday, 1791~1867)*야. 패러데이는 전하가 있는 곳의 주위 공간과 전하가 없는 주위 공간은 성질이 완전히 다르다고 봤어. 공간의 한 점에 전하를 놓아 두면 그 전하는 주변 공간의 성격을 바꿔 놓는다는 거야. 그 공간 속에 들어온 다른 전하에 전기력을 미칠 수 있는 성질이 생기는 거지.

패러데이는 전하가 자기 주변에 무언가가 전달되는 어떤 보이지 않는 선을 만든다고 생각했어. 힘을 미치는, 혹은 힘이 전달되는 선이라 생각해서 이 선을 **전기력선**, 줄여서 **역선**

⁓⁓● 패러데이는 어려운 집안에서 대장장이의 아들로 태어나 정식 교육을 전혀 받지 못했지만 엄청난 집념과 노력으로 영국에서 가장 존경받는 위대한 과학자가 됐어. 수학적 바탕이 부족했지만 오히려 그 때문에 뛰어난 영감과 상상력을 발휘해서 전기력선과 같은 중요한 개념들을 제시할 수 있었는지도 몰라. 패러데이의 업적은 나중에 소개할 맥스웰의 전자기파 이론으로 이어지지.

(Lines of Force)이라 불렀지. 전하로부터 출발해 뻗어 나가는 전기력선이 존재하는 공간에 다른 전하가 들어오면 그 전하는 전기력선의 존재를 느끼면서 전기력을 받는다는 거야.

그림 1−7은 패러데이가 생각했던 전기력선을 형상화한 거야. 어떤 공간에서 전하들이 만드는 전기력선의 방향은 그 공간에 아주 작은 양전하 하나를 놓았을 때 그 전하가 받는 힘의 방향으로 정의돼. 전기력선의 방향을 조사하기 위해 놓는 작은 양전하를 테스트 전하라고 부르는데, 가령 어떤 양전하가 자기 주변에 만드는 전기력선의 방향을 알아보려면 그 전하의 주변 여기저기에 테스트 전하를 놓고 테스트 전하가 받는 힘의 방향을 조사하면 돼.

한 양전하의 주위 여기저기에 테스트 전하를 놓고 그 방향을 모아 그리면 어떻게 보일까? 전기력선을 만드는 원인이 되는 양전하를 중심으로 사방으로 뻗어 나가는 방향으로 그려지게 되겠지. 양전하는 자기 주변에 놓이는 테스트 전하인 작은 양전하에 척력을 작용시켜 밀어낼 테니까 말이야. 반면에 음전하는 주변에 놓인 작은 양전하(테스트 전하)를 잡아당길 테니까 전기력선은 음전하 자신에게 들어오는 방향으로 형성이 돼. 만약 양전하와 음전하가 같은 공간에 존재한다면 전기력선은 양전하에서 출발해 음전하로 들어가는 방식으로 형성

1. 양전하 주변 전기력선의 방향

2. 음전하 주변 전기력선의 방향

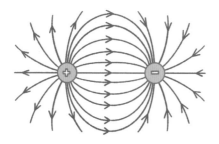

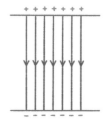

1-7 양전하의 전기력선은 사방으로 뻗어 나가지만 음전하의 전기력선은 사방에서 자기 자신으로 들어오고 있어!

되지. 그리고 전기력선이 촘촘히 모여 있는 곳은 전기력이 강한 곳이고 듬성듬성 있는 곳은 전기력이 약한 곳이라는 것을 의미해.

오늘날에는 전기력선 대신에 전기장이라는 개념을 써서 전기력의 작동 원리를 표현해. 어떤 전하가 존재하면 주변의 모든 지점에 전기장을 만들고, 거기에 놓인 다른 전하는 전기장과 작용해서 전기력을 느낀다는 거지. 뭔가 잘 이해가 안 되고 되게 추상적으로 느껴져서 어렵다고? 그건 너무 당연한 거야. 전기장은 물리학을 전공하는 대학생들도 이해하기 쉽지 않은 개념이거든. 그래서 여기서는 너의 이해를 위해 물에 비유해서 설명해 볼게.

물이 흐르는 개천이 하나 있다고 하자. 우린 물이 흘러가면서 일정한 물의 흐름, 즉 유속을 만들어 낸다는 걸 알고 있어. 또 어떤 지점은 유속이 빠르고 어떤 지점은 유속이 느리다는 것도 알고 있지. 개천의 특정 위치에 작은 종이배를 띄워 놓고 보면 그 지점에 놓인 배가 어떤 방향으로 그리고 어느 정도의 속도로 흘러갈지가 정해져 있다는 것을 알 수 있을 거야. 만약 어느 한 지점의 유속을 확인하기 위해 개천에다가 작은 종이배 하나를 올려놓았다고 하자. 그리고 이걸 전기장과 비교해 보는 거야.

어떤 전하가 주변에 전기장을 만든다는 건 이미 전기장이 형성된 특정 위치에 다른 전하를 놓았을 때, 그 전하가 어느 정도 세기의 힘을 받아 어떤 방향으로 움직일지 결정되어 있다는 거지. 유속이 결정되어 있는 물 위에 작은 종이배를 올려놓으면 모든 지점의 유속을 알 수 있는 것처럼 말이야. 즉, 한 전하는 다른 전하에 순간적으로 직접 힘을 미치는 것이 아니라 자기 주위의 공간에 전기장이라는 눈에 보이지 않는 어떤 속성을 만들어 내. 전기장이 형성된 공간 속에 들어 온 다른 전하는 이 전기장에 반응해 전기력을 느끼는 거야. 이때 전기장은 전기력이란 힘을 매개하는 역할을 해.

자, 그러면 지금까지 알아본 내용을 정리해 보자. 먼저 원자를 구성하는 전자는 음전하를 가지고 있고 원자핵 속 양성자는 양전하를 갖고 있다고 했지? 그리고 전하들 사이에는 전기력이 작용하는데 전하의 부호가 같으면 척력이, 전하의 부호가 다르면 인력이 작용하지. 이들이 전기력을 주고받는 방식은 생각보다 까다로운데 과학자들은 이를 전기력선이나 전기장이라는 개념을 이용해 설명해.

이 정도로 전하와 전기력의 정체를 파악했으니 다음으로는 우리가 일상에서 흔히 사용하는 전류, 전압, 전력과 같은 용어들의 의미를 알아보도록 하자.

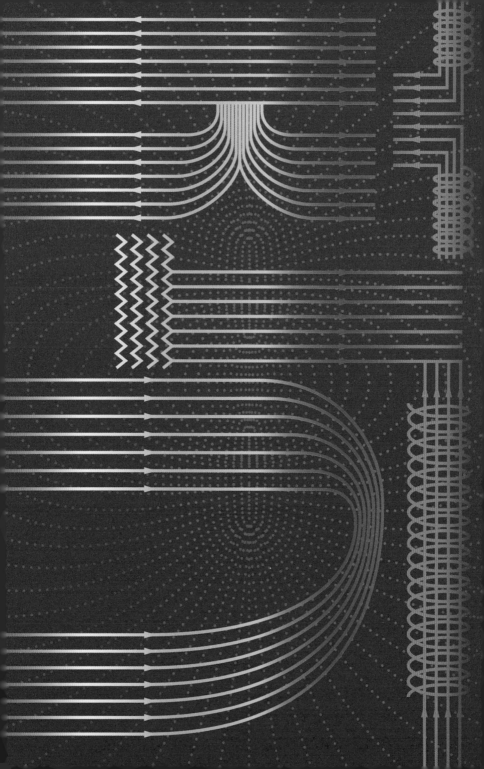

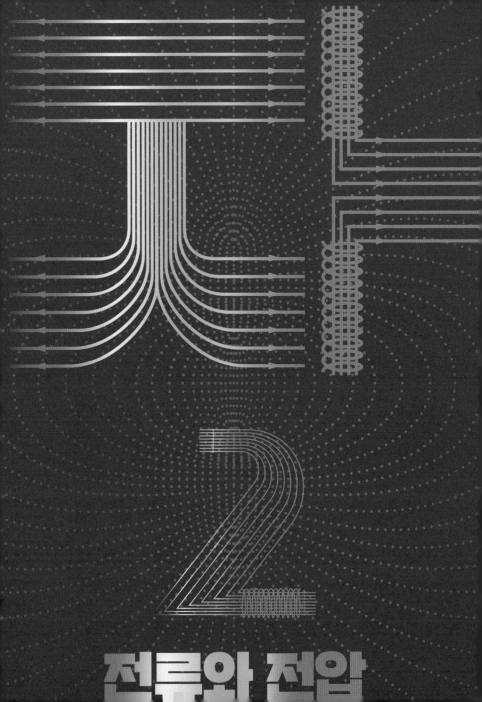

나

2

전류와 전압

전하의 흐름이 전류!

전하가 무엇인지, 정지해 있는 전하들끼리는 전기력이 어떤 식으로 작용하는지 알아보았어. 전하는 그 자체로도 흥미롭지만 전하가 움직이면 더 흥미로운 상황들이 벌어져. 지금부터는 우리가 일상에서 사용하는 전기와 관련된 용어가 전하와 어떤 관계를 맺는지 알아보자. 그러면 전기의 작동 원리와 사용 방법에 대해 더 잘 이해할 수 있을 거야.

전기와 관련된 용어 중 자주 들어 본 것으로 뭐가 있니? 그래. 전압, 전류, 전력, 그리고 저항 같은 단어들이 있을 거야. 그런데 그렇게 자주 들어서 익숙하게 사용하면서도 용어의 의미가 정확히 무엇인지 제대로 알고 있는 사람은 많지 않아. 가령 전자 제품을 고르더라도 상품 표면에 붙은 스티커를 보면서 소비 전력을 먼저 따지는 사람들이 많지만 소비 전력의 정확한 의미를 이해해야만 현명한 선택을 할 수 있겠지? 이 장에서는 그러한 용어들의 정확한 개념을 짚어 볼 거야. 다양한 전기 관련 용어 중에서 먼저 전류에 대해 알아보자.

전류는 한마디로 전선 등을 통해 흐르는 전하를 의미해. 더 정확히 얘기하면 1초 동안 특정 지점(도선의 경우에는 도선의 단면)을 통과해 지나가는 전하의 양을 뜻하지. 전류를 측정하는 단위로는 암페어(A)를 사용하는데, 1초 동안 1쿨롱의 전하가 흘러가면 1암페어의 전류가 흐른다는 의미야. 1암페어가 어느 정도의 양인지 감이 잘 안 올 텐데, 요즘 쉽게 살 수 있는 급속 충전기가 보통 1~3암페어 정도의 전류를 공급한다고 하면 좀 더 쉽게 이해할 수 있겠지?

그런데 1암페어의 전류량은 사람의 몸에 흐르기에는 굉장히 위험한 정도의 양이야. 사람의 몸에 70밀리암페어(mA), 즉 급속 충전기에 공급되는 전류의 10퍼센트도 안 되는 전류만 흘러도 심장에 큰 충격이 가해지거든. 이렇게 일상에서 사용하는 전류량에 비해 적은 양의 전류로도 큰 사고가 발생할 수 있으니 감전사고가 그렇게 위험한 거야.

여기서 한 가지 짚고 넘어갈 용어가 있어. 바로 **직류**와 **교류**야. 들어 본 적 있지? 직류는 방향이 바뀌지 않고 한 방향으로 흘러가는 전류를 말해. 건전지처럼 양극과 음극이 고정되어 있는 전원이 만드는 전류가 직류의 대표적인 예지. 반면에 교류는 흐르는 방향이 주기적으로 바뀌는 전류를 의미한단다. 우리가 가정에서 사용하는 전원이 좋은 예야. 가정에 공급되는 전기의 주파수는 60헤르츠(Hz)인데, 이는 가령 오른쪽으로 흐르던 전류가 왼쪽으로 흘렀다가 다시 오른쪽으로 흐르는 과정이 1초에 60번 반복된다는 의미야.

그럼 전류를 이용하는 각종 전자 기기의 회로를 통해 실제로 흘러가는 건 뭘까? 먼저 전기를 차단하고 전선을 한번 열어 보자. 멀쩡한 전선을 자를 필요는 없고 선생님이나 부모님께 폐전선을 하나 달라고 해서 분해해 보는 거야. 전선을 가위로 잘라 피복을 벗겨 보면 불그스름한 색을 띠는 선이 하나 있어. 이게 바로 구리 선인데, 구리는 모든 금속 중 전기 전도성이 두 번째로 높은 금속이야. 사실 전도성이 가장 높은 금속은 은이지만 구리가 은에 비하면 가격이 매우 저렴해서 전선은 보통 구리를 사용해서 만들어.

모든 물질은 원자로 이루어져 있다고 했는데 금속도 물질이니 당연히 원자로 이루어져 있겠지? 구리 도선 속에는 구리 원자들이 일정한 간격을 두고 매우 촘촘하게 배열되어 있어. 원자는 중심인 원자핵과 그 주위를 도는 전자로 구성되어 있다고 했잖아? 그런데 금속에는 재미있게도 원자핵의 속박에서 벗어나 자유롭게 돌아다니는 전자들이 있는데, 우리는 이들을 **자유전자**라고 불러. 그런데 자유라는 이름만 듣고 전자가 전선 속에서 아무런 방해도 없이 흘러간다고 생각하면 안 돼. 고체 안의 원자들은 서로가 눈에 보이지 않는 스프링에 묶여 있는 존재들이라 할 수 있어. 다만 자유전자는 왜 금속과 같은 도체가 전류를 잘 흐르게 하는지 설명할 수 있지.

이 원자들은 너무 작아서 우리 눈으로 관찰하기 힘들지만 사실 제자리를 중심으로 끝없이 진동하고 있어. 따라서 자유전자들이 금속 내에서 움직이고 흘러가다 보면 반드시 제자리에서 진동하는 원자핵과 부딪히기 마련이야. 자유전자가 이들 사이를 뚫고 지나가려면 자유전자는 원자핵과 부딪히면서 지그재그로 지나가야 해. 그림 2-1을 보자. 운동장에 나란히 정렬해 있는 군인 아저씨들이 원자핵이라면 그 틈 사이로 천방지축 뛰어다니는 아이들이 자유전자에 해당한다고 볼 수 있겠다. 이 아이들이 군인 아저씨들 때문에 진로 방해를 받으며 지나가는 상황을 생각해 보면 이해가 빠를 거야.

그런데 자유전자가 움직이는 전류의 속도는 생각보다 훨씬 느리단다. 1초에 기껏해야 약 0.1밀리미터밖에 가지 못해. 시속으로 따지면 약 36센티미터인데 우리가 걷는 속도가 보통 시속 4킬로미터이니 그에 비하면 너무 느리지? 그런데 전자 기기는 보통 플러그를 꽂고 스위치를 켜자마자 작동하는데, 우리 발걸음 속도보다도 느린 전류가 어떻게 전자 기기를 작동시키는지 궁금하지 않니? 사실 전선은 텅 비어 있는 게 아니라 전하로 가득 차 있어. 아무리 속도가 느려도 전선을 가득 채운 전자는 다 같이 움직이거든. 물이 흐르지 않는 수도관 한쪽의 수압이 세지면 관을 채운 물이 전체적으로 동시에

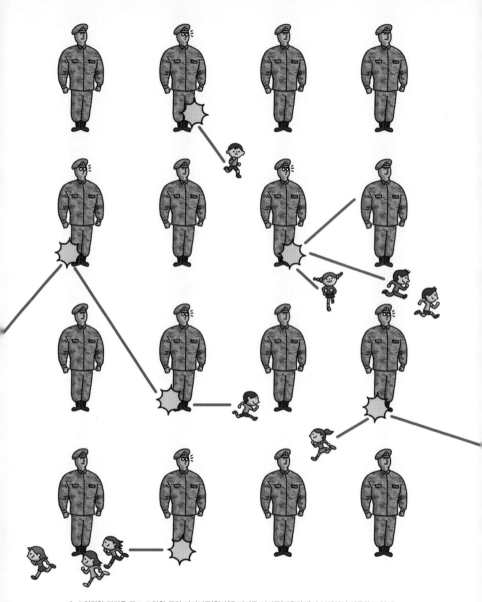

2-1 일정한 간격을 두고 도열한 군인 아저씨들(원자핵) 사이를 아이들(자유전자)이 부딪히며 이동하고 있어!

움직이는 것과 비슷하지. 지금부터는 수도관을 따라 흐르는 물에 압력(수압)이 있는 것처럼 전선을 흐르는 전류에도 수압 같은 게 있다는 것을 이야기할게.

전하가 흐르는 조건

전하는 왜 흐르는 걸까? 다시 말해 전하가 흐르려면 어떤 조건이 충족돼야 할까? 이를 파악하기 위해서 우리는 먼저 **위치 에너지**라는 개념을 이해해야 해. 그림 2-2를 통해 위치 에너지를 설명해 볼게. 왼쪽 그림을 보면 지면으로부터 일정한 높이에 공이 하나 떠 있어. 그런데 공이 바닥에 놓여 있는 경우와 공중에 떠 있는 경우가 있다고 가정하면 각각 공의 상태에는 어떤 차이가 있을까?

바닥에 놓인 공은 외부의 힘이 작용하지 않으면 가만히 있지? 그렇지만 공중에 떠 있는 공에서 손을 떼면 공이 바닥으로 떨어지면서 움직임이 점점 빨라지다가 지면에 닿게 돼. 이렇게 중력을 받아 공이 떨어지면 공의 속도가 증가하면서 운동 에너지가 생기지. 혹시 이 에너지를 이용하면 도움이 되지 않을까? 높은 곳에 위치한 공은 운동 에너지로 변화될 수 있는 에너지를 갖고 있는데 우리는 이를 **중력 위치 에너지**라고

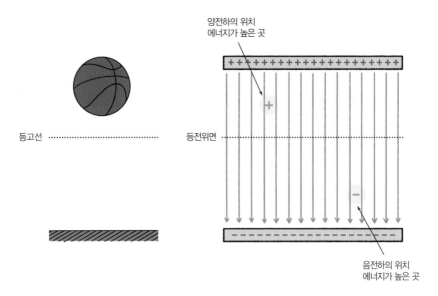

2-2 공중에 있는 농구공은 지면에 놓인 농구공보다 위치 에너지가 크지! 그리고 양으로 대전된 금속판의 가까운 곳에 양전하를 갖다 놓으면 양전하의 위치 에너지가 높아지는 거야.

불러. 중력의 영향으로 높이, 즉, 공의 위치에 따라 에너지가 달라지니까 위치 에너지라는 이름이 붙은 거야. 지면에서 10미터 높이에 있는 공의 위치 에너지는 1미터 높이에 있는 공의 위치 에너지보다 열 배 많다고 생각하면 되고.

그런데 보통 에너지가 생긴다고 하면 풍차를 돌리거나 식물이 광합성을 하거나 사람을 비롯한 동물이 음식을 먹는다는 것을 생각하지, 단순히 공을 지면 위로 들어 올리는 것을 떠올리지는 않을 거야. 물건을 들어 올리면 에너지가 생성된다는 게 이해가 잘되지 않을 수 있지. 그럼 바닥에 놓인 공을 들어 올리는 과정을 한번 생각해 보자. 지구는 공을 항상 지면으로 잡아당기고 있어. 그런데 공을 잡고 중력을 거스르면서 위로 들어 올리려면 중력과 똑같은* 크기의 힘을 공에게 중력과 반대 방향, 다시 말해 지면 위로 가해야 하겠지? 이렇게 중력을 이기고 공을 들어 올리며 내가 공에게 해 주는 일이 공의 위치 에너지로 저장되는 거야.

여기서 잠깐 에너지의 단위를 얘기하고 넘어가 보자. 앞에서 질량을 측정할 때는 킬로그램, 거리를 측정할 때는 미터를 사용한다고 했던 것처럼 구체적인 단위를 알면 앞으로 이어질 내용을 좀 더 객관적으로 파악할 수 있을 테니까. 우리가 사용하는 에너지의 단위는 줄(J)이야. 순수한 물 1그램의 온도를 1도 올리는 데 필요한 에너지가 약 4.2줄이 되지. 흔히 쓰는 칼로리(cal)란 단위도 에너지의 양을 표현할 때 사용하는데 1칼로리는 약 4.2줄에 해당하지. 따라서 1칼로리의 에너지는 순수한 1그램의 물 온도를 1도 올릴 수 있다는 이야기야.

✎✎● 그런데 여기서 한 가지 주의해야 할 점으로, 공을 들어 올리려면 중력과 똑같은 힘이 아니라 중력보다 더 큰 힘을 들여야 하는 게 아니냐고 생각할 수 있어. 하지만 중력보다 큰 힘으로 공을 들어 올리면 가속도가 붙어 로켓처럼 손에서 떨어져서 위로 날아가게 될 거야.

중력 위치 에너지를 구하는 공식은 9.8(중력 가속도) × m(질량) × h(높이)야. 농구공의 질량이 500그램 정도이니 농구공이 10미터 높이에 있을 때 공이 가지는 중력 위치 에너지는 약 50줄이라는 것을 알 수 있지. 그래서 이 공의 위치 에너지를 이용해 물을 데운다고 하면 물 1그램의 온도를 약 12도 정도 올릴 수 있다는 결론이 나와. 중력 위치 에너지뿐 아니라, 열 에너지, 전기 에너지 등 모든 에너지는 동일한 에너지 단위를 사용해. 줄을 이용해 에너지의 양을 표시하는 거고.

중력을 받는 물체가 위치 에너지를 가질 수 있는 것과 비슷하게 전하도 위치 에너지를 가질 수 있어. 이제 그림 2-2의 오른쪽 그림을 보자. 넓고 커다란 금속판을 두 개 준비해 나란히 배치한 후에 위의 금속판에는 양전하를, 그리고 아래 금속판에는 음전하를 심어서 각각 양과 음으로 대전시켰다고 생각해 봐. 그리고 그림처럼 두 판 사이에 양전하 하나를 가만히 놓으면 어떻게 될까? 이 전하는 당연히 전기력의 영향을 받아서 아래로 끌리겠지? 양으로 대전된 상단의 금속판은 척력 때문에 이 전하를 밀어내지만 음으로 대전된 하단의 금속판은 인력 때문에 전하를 자기 쪽으로 당길 테니까 말이야. 이것은 지구의 중력(인력) 때문에 지면 방향으로 힘을 받는 농구공과 매우 비슷한 상황이야.

이제 농구공에 중력 위치 에너지를 축적했던 과정을 생각해 보자. 중력을 이기고 중력과 반대 방향으로 농구공을 들어 올려 공의 중력 위치 에너지를 증가시켰던 것처럼, 두 금속판 사이에 놓인 양전하를 전기력이 작용하는 방향과 반대 방향으로 힘을 가해 들어 올리면 양전하의 위치 에너지가 증가하겠지. 다시 말해 금속판 사이 공간에 놓인 양전하를 양으로 대전된 금속판 쪽으로 옮기는 데 드는 일은, 전하의 위치 에너지로 바뀌어 저장된다고 할 수 있어. 이때 이렇게 저장된 에너지를 **전기적 위치 에너지**라고 불러.

인위적으로 높이 들어 올린 농구공에서 손을 떼면 중력에 의해 공이 떨어지면서 위치 에너지가 줄어드는 대신 운동 에너지가 늘어난다고 했지? 그렇다면 양의 금속판 가까이에 끌어다 놓은 양전하에서 손을 떼면 그 전하는 음의 금속판 쪽으로 이동하면서 전기적 위치 에너지가 줄어든 만큼 공의 속도가 점점 빨라지며 운동 에너지가 증가할 거야. 이 에너지를 이용해 우리는 다른 유용한 여러 일을 할 수 있지.

이상으로 중력 위치 에너지와 전기적 위치 에너지의 비슷한 점을 살펴봤어. 그렇지만 둘 사이에는 결정적인 차이점이 있단다. 앞에서 이야기했듯이 ① 농구공의 질량이든, 축구공이나 다른 공의 질량이든 질량 자체는 오직 한 종류지만 전하는 양전하와 음전하 두 종류가 있다는 것과 ② 중력에는 끌어당기는 인력만 존재하지만 전기력에는 인력 외에도 척력이 존재한다는 걸 생각하면 그 차이가 쉽게 이해될 거야.

그럼 여기서 둘의 차이를 뚜렷이 보여 주는 사례를 생각해 볼까? 그림 2-2의 오른쪽에 있는 두 금속판을 다시 보자. 아까는 금속판 사이에 양전하를 올려놓는다고 했지? 그런데 이번에는 양전하 대신 음전하를 갖다 놓으면 음전하의 위치 에너지는 어느 쪽이 더 높을까? 전기력을 이기면서 음전하에 힘을 가해 끌어당겨야 할 방향은 아래에 있는 음의 금속판 쪽이지. 그래서 이때 음전하의 전기적 위치 에너지는 아래쪽에서 더 높고 위의 양의 금속판 쪽에서는 낮아져. 양전하와는 정반대지. 때문에 전하가 가지는 전기적 위치 에너지를 따질 때에는 전하의 부호에 주의하면서 살펴봐야 해.

전류를 만드는 원인, 전압

여기까지 잘 이해했다면 이제 전류의 흐름을 만드는 원인에 대해 얘기할 준비가 된 거야. 중력에 의해 물이 흘러가는 상황을 먼저 생각해 보자. 그림 2-3처럼 높은 곳에 호수가 있고 그림 오른쪽 아래에 위치한 발전소까지 물이 흘러 내려

갈 수 있다고 하자. 그러면 물은 위에서 아래로 흐르면서 발전소를 지나며 전기를 생산하도록 에너지를 공급하겠지. 이게 바로 너희들도 알고 있는 수력 발전의 기본 원리야. 좀 더 상세하게 말하면 호수에 있던 물의 중력 위치 에너지는 물이 파이프를 통과하며 아래로 흐름에 따라 운동 에너지로 변하고 이를 이용해 발전소의 터빈을 돌려 전기 에너지를 생산한다는 거지.

그런데 혹시 양수식 발전이라고 들어 본 적 있니? 아니 그 이전에 먼저 '양수'라는 말이 무슨 의미일까? 뉴스에서 '장맛비에 논이 잠겨 양수기를 이용해 물을 빼내고 있다'는 말을 들어 본 적이 있을 거야. 그때의 양수가 바로 물을 위로 퍼 올린다는 뜻이지. 물의 낙차를 이용해 전기를 생산하는 발전소가 수력 발전소인데, 일반 수력 발전소가 아니라 양수식 발전소는 어떻게 전기를 생산할까? 우리나라에는 여러 지역에 양수식 발전소가 설치되어 있는데 대표적으로 경기도 가평군과 경상남도 밀양시, 전라남도 무주군에 있어. 양수식 발전소에는 특이하게도 위에서 아래로 떨어진 물을 다시 위의 호수로 올려 보낼 물펌프가 설치되어 있지. 발전소에 설치된 터빈은 위치 에너지를 전기 에너지로 바꾸지만 이 물펌프는 외부의 에너지를 이용해 낮은 곳에 있는 물을 높은 곳으로 올리면서 물의 중력 위치 에너지를 증가시키는 역할을 해.

자, 이제 그림 2-3에 있는 두 그림을 비교해 볼까? 물의 흐름은 전류, 물펌프는 전하펌프, 중력 위치 에너지는 전기적

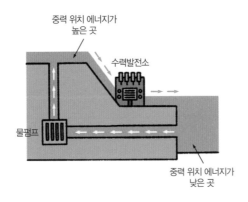

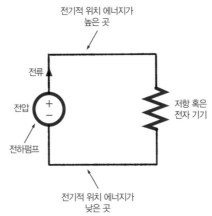

2-3 물처럼 흐르는 전하!

위치 에너지에 대응되는 것이 한눈에 보일 거야. 물펌프가 끌어올린 물의 중력 위치 에너지는 낮은 곳으로 물이 내려오면서 다른 유용한 에너지로 변하지. 마찬가지로 전하펌프의 역할은 흐르는 전하의 전기적 위치 에너지를 올리는 거야. 전기적 위치 에너지가 높아진 전하는 다시 위치 에너지가 낮은 곳을 향해 흘러가면서 전류의 흐름을 형성하지. 높은 곳에 있던 물이 낮은 곳으로 흘러가면서 발전기에 있는 터빈을 돌려 전기 에너지를 생산하는 것처럼, 전하도 위치 에너지가 높은 곳에서 낮은 곳으로 흐르다가 전자 기기를 통과할 때 자신의 위치 에너지를 다양하고 유용한 다른 에너지로 변화시킬 수 있어. 전기적 위치 에너지가 전기 히터에서는 주로 열 에너지로, 전구에서는 빛 에너지로 바뀌는 것이 그 예지.

그런데 전자기학에서는 전기적 위치 에너지라는 말 대신 **전위**라는 표현을 더 자주 쓴단다. 전위의 정의는 단위 전하, 즉 1쿨롱에 대한 전기적 위치 에너지야. 예를 들어 어떤 곳에 있는 3쿨롱의 전하가 15줄의 전기적 위치 에너지를 가지고 있다면 1쿨롱의 전하는 5줄의 위치 에너지를 가지는 셈이니 이때 그 지점의 전위는 5볼트(V)가 되는 거지.

전위의 단위인 볼트는 전지를 처음으로 개발한 이탈리아 과학자 알레산드로 볼타(Alessandro Volta, 1745~1827)의 이름을 기리기 위해 붙였어. 이쯤이면 슬슬 전기적 위치 에너지나 전위, 그리고 흔히 사용하는 전압의 차이가 뭔지 궁금해지기 시작할 거야. 텔레비전 리모컨이나 도어락을 열어 보면 대개 전압이 1.5볼트인 건전지가 있어. 물론 그 외에도 9볼트짜리 건전지도 있지?

먼저 **전압**은 두 지점 사이의 전위의 차이를 의미해. 즉, 전압은 1쿨롱의 전하량을 가진 단위 전하가 두 지점에서 가지고 있는 전기적 위치 에너지의 차이라는 거야. 그건 결국 전위와 같은 개념 아니냐고? 그렇지는 않아. 이렇게 한번 설명해 볼게. 운동장을 위치 에너지의 기준으로 삼고 3층과 5층에 있는 농구공의 중력 위치 에너지를 계산할 수 있어. 그리고 3층과 5층에 있는 두 공의 중력 위치 에너지 차이를 계산할 수도 있지. 기준이 되는 곳에 대한 다른 곳의 위치 에너지를 따지는 것이 전위라고 한다면, 임의의 두 지점 사이의 위치 에너지의 차이를 따지는 게 전압이란 개념과 대응돼. 물론 전위와 전압은 모두 1쿨롱을 기준으로 계산한다는 점과 볼트라는 같은 단위를 쓴다는 점은 잊지 마. 건전지가 9볼트의 전압을 가진다는 건 건전지의 음극과 양극 사이의 전위 차이가 9볼트라는 얘기지.

전위와 전압에 대해 알아보았으니 이제 그림 2-3의 상황을 전압의 맥락으로 이해해 보자. 우리가 전하펌프로 사용하는 건 보통 건전지 같은 거야. 떨어진 위치 에너지를 인위적으로 올리려면 외부의 에너지가 필요할 거니까 말이지. 양수식 발전소에서 하부에 있는 물을 상부로 끌어올리려면 전기 에너지로 작동하는 물펌프가 필요한 것처럼, 전하펌프도 외부 에너지가 필요하니 대개 그 역할을 전지가 한다고 생각하면 좀 더 쉽게 이해가 갈 거야.

그리고 전지의 역할은 회로를 따라 흘러가다가 자신을 통과해 지나가는 전하의 위치 에너지를 증가시키는 거야. 건전지가 유지하는 전압값은 그 전지가 전하의 위치 에너지를 얼마나 올리는지 알려 주지. 9볼트 전압을 가진 건전지의 경우 1쿨롱의 전하의 위치 에너지를 9줄 올려 준다는 얘기야. 그렇게 전지를 통과해 위치 에너지를 획득한 전하는 회로를 따라 흘러가는 과정에서 자신의 위치 에너지를 이용해 유용한 일을 할 수 있어. 흡사 높은 곳에서 떨어지는 물이 중력 위치 에너지를 가지고 발전기의 터빈을 돌리거나 물레방아를 돌리듯이 말이야.

지금까지 전기적 위치 에너지와 전위, 그리고 전압에 대해 설명했으니 질문을 하나 해 볼까? 사람의 몸에 70밀리암페어만 흘러도 심장에 큰 충격이 가해진다고 했잖아? 그런데 10

만 볼트의 전압이 흐른다는 고압선에 앉아 있는 참새는 왜 감전되지 않고 아무런 문제가 없을까? 사실 참새 몸에 전류가 흐르려면 참새의 두 발 사이에 전위의 차이가 있어야 해. 그런데 참새는 한 고압선에 두 다리를 얹기 때문에 참새의 두 다리 사이에는 전위 차이가 없어서 전압도 0볼트가 되는 거라 안전하지. 만약 참새가 한쪽 다리를 전위가 10만 볼트인 고압선 위에, 다른쪽 다리는 전위가 0인 땅에 동시에 댄다면 참새 몸에는 그 즉시 10만 볼트라는 엄청난 전압으로 전류가 흐르면서 눈 깜짝할 새 참새구이가 돼 버릴 거야. 그래서 고압 송전선에 막대기나 풍선이 닿지 않도록 주의하라는 경고문이 전철역에 붙어 있는 거지.

정리해 보면, 전위가 높다는 것 하나만으로는 문제가 되지 않고 전위의 차이가 나야 문제라는 걸 알 수 있어. 기울기가 전혀 없는 편평한 고산 지대의 평지 위에서는 가만히 있던 공이 스스로 굴러갈까? 그렇지 않겠지? 이처럼 높이가 같아 중력 위치 에너지도 동일한 지점을 연결한 등고선을 따라서는 공이 스스로 굴러가지 않아. 마찬가지로 전기적 위치 에너지가 같은 지점들을 모아 놓으면 등고선과 비슷한 개념으로 **등전위면**이 만들어지고 이 면 안에서 전하는 스스로 움직이지 않아. 공이 구르기 위해서는 땅이 기울어져야 하는 것처럼 참새 몸에 전류가 흐르려면 참새의 두 다리가 닿는 두 지점 사이의 전위가 달라서 전압이 발생해야만 해.

이제 전압과 관련된 마지막 얘기로 1장에서 잠깐 나왔던 정전기와 번개에 대한 얘기를 해 보도록 하자. 구름 중 움직임이 빠른 상승 기류가 포함된 적란운 속 얼음 알갱이나 물방울들은 아래로 떨어지는 싸락눈과 충돌하면서 정전기가 생긴다고 해. 우리가 겨울철에 흔히 경험하는 정전기가 마찰로 생기는 것처럼 말이야. 이런 과정으로 구름에 축적된 엄청난 양의 전하는 구름과 구름 사이, 혹은 구름과 지면 사이에 수천만 볼트 이상의 거대한 전압을 형성하지. 전압은 보통 전하가 흘러가도록 전하에 전기력을 주지만 중성인 공기 분자에는 영향을 주지 않아. 그러나 대전된 구름이 만드는 엄청난 전압은 공기의 중성 상태조차도 무너뜨리며 이온으로 만들어 버려. 즉, 분자를 구성하는 양전하인 원자핵들과 음전하인 전자들을 갈라놓는 거지. 이렇게 공기의 이온화●가 시작점이 되어 구름 안에 축적된 전하가 방전되면서 순식간에 거대한 전류의 흐름, 즉 번개가 발생하는 거야.

● 중성인 원자나 분자가 전자를 얻거나 빼앗김으로써 양전하나 음전하를 띠는 과정을 이온화라고 해.

이처럼 전압과 전하, 전류 등은 일상 생활의 전기 현상뿐 아니라 자연에서 발생하는 다양한 현상을 이해할 수 있는 단초를 제공해.

전류를 방해하는 원인, 저항

지금까지 살펴본 개념들을 잘 활용한다면 간단한 전기 회로는 어렵지 않게 이해할 수 있어. 이제부터는 전위를 높이는 전원과 도선, 저항으로 구성된 간단한 회로를 살펴보자.

저항이란 간단한 전기 회로를 파악하기 위해 우리가 이해해야 할 마지막 개념이야. 굳이 물리학 수업이 아니더라도 평소에 '저항이 심하다'와 같은 말은 자주 들어 봤을 거야. 듣기만 해도 뭔가를 방해하거나 흐름을 막는다는 느낌이 들지 않니? 물리학에서 말하는 **저항**은 물질이 가진 속성으로서 전류의 흐름을 방해하는 정도를 나타내는 물리량이야. 따라서 회로에서 전류의 흐름을 제어하는 데 물질의 저항을 이용할 수 있지. 저항의 단위로는 옴(ohm, 기호는 Ω)을 사용해. 어떤 물체에 1볼트의 전압이 걸려 있고 이를 통해 1암페어의 전류가 흐르면 그 물체의 저항은 1옴이 되는 거지.

물질은 저항값에 따라 크게 세 가지로 분류할 수가 있단다.

먼저 저항이 매우 작아서 전류가 흐르는 회로의 도선으로 사용되는 금속과 같은 물체는 **도체**라고 부르는데 앞에서 언급했던 구리, 은, 금 등이 대표적인 도체야. 반면 저항이 너무 커서 전류가 거의 흐르지 않는 물체는 **부도체**라 하고 플라스틱이나 나무가 있지. 그럼 세상은 오로지 도체와 부도체만으로 이루어져 있을까? 너희도 알고 있는 이 물질은 뉴스나 신문에서 단골 뉴스거리로 등장하고 우리가 사용하는 컴퓨터나 핸드폰에도 들어 있는 친숙한 물질인데 무엇일까? 그래, 바로 **반도체**야. 반도체는 도체와 부도체의 중간에 해당하는 저항값을 갖는데, 전기 소자와 전자 회로에 필수적인 소재로 활용되고 있어. 실리콘(Si)이나 게르마늄(Ge)이 대표적인 반도체 원소에 속해.

그림 2-4를 보자. 이 그림은 전위를 올려 주는 전원(가령 건전지)과 저항이 연결되어 있는 아주 단순한 회로를 나타내고 있어. 전원의 전압은 V로, 저항의 저항값은 R로 표시했어. 전

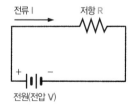

2-4 전원, 전류, 저항의 관계

원에 의해 위치 에너지가 올라간 전하는 회로를 통과해 흘러가면서 전하의 흐름인 전류를 형성해. 이 전류 속 전하들은 잘 흘러가다가 저항을 지나면서 위치 에너지를 잃어버리고 이는 열 에너지로 변환돼. 그러니 저항값이 큰 재료로 전선을 만들면 안 되지. 전류의 흐름을 방해하니까. 어? 그러면 저항값이 커서 열이 많이 발생하는 재료는 다른 용도로 유용하게 사용할 수 있지 않을까? 맞아. 저항값이 크면 전자가 원자핵과 엄청나게 부딪히면서 많은 열을 발생시키니까 발열체로 사용할 수 있어. 전기 히터에서 열을 발생시키는 부분이 저항값이 큰 니크롬 같은 물질로 구성되어 있는 건 이 때문이야.

그럼 전기 회로를 따라 흐르는 전류와 전압의 관계는 어떻게 될까? 저항이 똑같은 두 전기 회로에 전압이 각각 1.5볼트인 건전지와 9볼트인 건전지를 연결하면 어떤 차이가 있을까? 예를 들어, 두 개의 양수식 발전소가 있다고 하면 각 발전소에는 발전기를 돌리는 물이 흐르는 파이프가 설치되어 있겠지? 그런데 두 발전소의 파이프 굵기나 크기는 모두 똑같다고 했을 때 A 발전소는 해발 100미터에 위치해 있고 B 발전소는 해발 50미터에 위치해 있다고 하자. 이때 A 발전소에 있는 물의 위치 에너지는 B 발전소에 있는 물의 위치 에너지보다 높아서 파이프를 통과하는 물의 양도 많아질 거야. 그렇다면 도선을 통해 흐르는 전류 역시 당연히 전압이 높을수록 커진다고 유추할 수 있겠지? 그래서 전류는 전압에 비례해서 커져. 즉, 전압이 두 배가 되면 전류도 두 배가 되는 거지.

그렇다면 전류와 저항 사이의 관계는 어떨까? 앞에서 저항이란 전하의 흐름을 방해하는 속성이라고 했지? 그래서 전류는 저항의 저항값이 커질수록 그에 반비례해 줄어들 거야. 전원의 전압이 일정할 경우 저항값이 두 배가 되면 전류는 절반으로 줄고 반대로 저항값이 반으로 줄면 전류는 두 배로 커지지.

다음으로는 저항을 서로 다른 방식으로 연결해 보고 회로의 특성이 어떻게 바뀌는지 살펴보도록 하자. 그림 2-5에 보이는 직렬 회로에서는 똑같은 저항 두 개가 순서대로 연결되

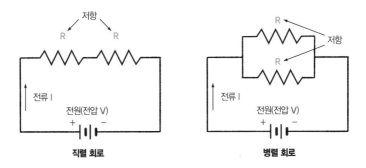

2-5 직렬 회로와 병렬 회로의 모습

어 있어. 반면 병렬 회로에서는 하나의 도선에서 나뉜 두 갈래의 도선에 저항이 각각 연결되어 있고, 이 두 도선은 다시 하나의 도선으로 만나서 전원에 연결되지. 만약 두 회로의 전원의 전압값이 동일하고 저항도 모두 똑같다면 두 회로를 통해 흐르는 전류는 어떻게 될까? 직렬 회로의 경우에는 전류가 흐르는 길(도선)이 하나니까 처음부터 끝까지 전류가 변하지 않고 하나의 값을 유지해. 즉, 두 저항을 흐르는 전류는 같은 거지.

예를 들어, 해발 100미터 높이에 있는 호수에 물이 고여 있고 50미터 아래에 A 발전기, 100미터 아래에 B 발전기를 설치해 두었다고 하자. 파이프를 타고 흐르는 물은 A 발전기와 B 발전기를 돌리는데, 같은 두께의 파이프를 타고 흐르니 흐르는 물의 양은 변화가 없을 거야. 마찬가지로 직렬 회로에서 하나의 도선을 따라 흐르는 전류값은 변화가 없지. 반면 전류의 흐름을 방해하는 저항 두 개는 직렬로 연결되어 있어서 전류가 이 두 저항을 모두 이기고 흘러가야 하니 총 저항값은 두 배가 돼. 만약 각 저항의 저항값이 1옴이라면 총 저항값은 2옴이 되는 거야. 전원의 전압은 두 저항에 나뉘어 걸리는데 가령 전원의 전압이 1볼트라면 각 저항에는 0.5볼트씩 걸리는 거지. 1옴의 저항에 1볼트의 전압이 걸렸을 때 1암페어의 전류가 흘렀으니 이번처럼 각 저항에 0.5볼트의 전압이 걸리면 전류는 0.5암페어가 흐르겠지? 그래서 똑같은 저항 두 개가 직렬 연결된 회로에서 저항은 두 배가 되고 전류는 절반으로 줄어들게 되어 있어. 만약 열 개의 똑같은 저항을 직렬 연결하면 회로의 총저항값은 열 배가 되고 전류는 10분의 1로 줄겠지.

병렬 연결은 직렬 연결과는 상황이 많이 달라. 병렬 연결에서 전원은 두 저항에 걸리는 전압을 똑같이 유지해. 100미터 높이에 물을 저장해 두는 양수식 발전소에 물이 지상으로 떨어지는 파이프가 두 개 있다고 보면 되는 거야. 그럼 두 파이프 모두 물이 떨어지기 시작하는 높이는 100미터로 동일하니까 물이 나누어 떨어지다 두 파이프가 만날 때 합쳐지겠지. 마찬가지로 병렬 회로에서도 전류가 흐르는 길이 두 개이기 때문에 전류는 나뉘어 흘렀다가 도선이 합쳐질 때 전류도 다시 합쳐지게 되어 있어. 직렬 연결의 경우처럼 전원은 1볼트, 저항은 1옴이라고 해 볼까? 그럼 각 저항에 걸리는 전압이 1볼트니까 개별 저항에 흐르는 전류는 각각 1암페어가 되겠지. 이들이 만나 합류하면 총 전류는 2암페어가 될 거야. 1볼트의 전압에 2암페어의 전류가 흐른다는 것은 병렬 연결 회로의 총 저항값은 0.5옴이라는 거지.

똑같은 1볼트의 전원에 연결해도 두 저항을 직렬로 연결하면 저항이 두 배로 커지지만 병렬로 연결하면 저항이 절반으로 줄어들어. 재미있지 않니? 이렇게 전체 회로의 전류 흐름을 제어할 수도 있고 한 도선을 통해 흐르는 전류의 값을 통제할 수도 있어.

전력의 의미

이제 우리가 흔히 사용하는 전기 관련 용어 중 전력을 살펴볼 차례구나. TV나 전열기 등 전자 제품을 살 때 우린 항상 소비 전력을 살펴보지 않니? TV의 소비 전력이 100와트(W)라는 건 무엇을 의미할까?

먼저 와트는 전력의 단위이고 전력을 생산하는 증기기관을 개량해 널리 보급시킨 제임스 와트(James Watt, 1736~1819)의 이름을 따서 정했어. 그리고 소비 전력이라는 것은 전자 기기가 1초에 사용하는 전기 에너지를 나타내지. 즉, 1와트는 1초에 1줄의 에너지를 사용한다는 의미야. 그럼 소비 전력이 100와트인 TV는 1초에 100줄의 에너지를 사용한다고 볼 수 있겠지?

집에 온 전기요금 고지서를 본 적이 있니? 우리나라는 전기요금 누진제를 실시하기 때문에 부모님들이 전기 사용량에 민감하시지. 고지서를 보면 사용한 전기량이 kWh로 표현되어 있단다. 먼저 킬로와트(kW)는 킬로라는 말을 통해 유추할 수 있듯이 와트의 1000배를 나타내고 킬로와트시(kWh)에서 h는 1시간을 의미해. 따라서 1kWh라 하면 1킬로와트의 전력을 1시간 동안 사용했다는 의미야. 그럼 이걸 줄로 바꾸어 볼까? 1킬로와트는 1초에 1000줄을 사용한다는 건데 이 상태로 1시간, 즉, 3600초 동안 사용했다는 의미니까 1000×3600, 즉 360만 줄 또는 3600킬로줄에 해당하는 전기 에너지를 사용했다는 거지. 집에 가서 부모님께 전기요금 고지서를 보여 달라고 말씀드리고 집에서 한 달에 몇 킬로와트시에 해당하는 전기를 사용했는지 확인해 보렴. 그리고 부모님께 킬로와트시의 정확한 의미를 설명해 드리면 아마 기뻐하시지 않을까?

이상으로 일상에서 흔히 사용하는 전기와 관련된 용어들의 의미까지 살펴봤어. 이 용어들만 제대로 알아도 그간 그냥 지나쳤던 여러가지 전기 관련 내용들을 정확히 이해할 수 있단다. 게다가 전자 제품의 성능이나 제품 특성도 더 잘 알 수 있게 되겠지. 이 정도로 전기에 대한 짧은 여행을 마치고 지금부터 자기의 세계로 떠나 보도록 하자.

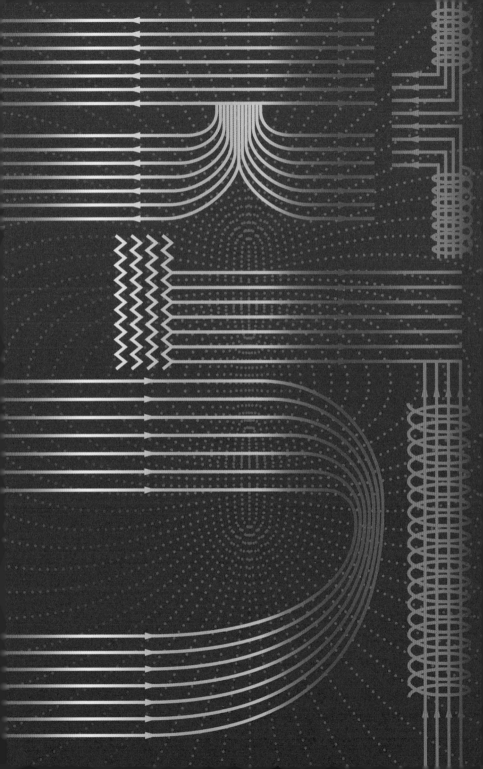

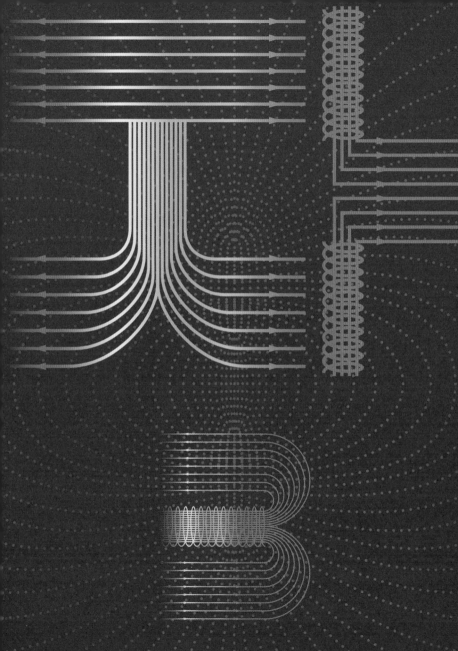

자석과 자기장, 전류와 자기장

이 책에서 처음 이야기보따리를 펼칠 때 이 여행에는 두 동반자가 있다고 얘기했던 것을 기억하니? 지금까지 그 두 동반자 중 전기에 대해 알아봤으니 이제부터는 전기의 이란성 쌍둥이라 비유했던 '자기'에 대한 얘기로 넘어가 보자.

누구나 어릴 적에 철을 끌어당기는 자석을 가지고 놀아 봤을 거야. 주로 접하는 막대자석, 말굽자석, 그리고 원형자석 등 자석의 형태는 다양하지만 모든 자석은 두 개의 극을 가지고 있어. 하나는 N극, 그리고 다른 하나는 S극이라 부르지. 그리고 그림 3-1처럼 같은 극(N극과 N극 혹은 S극과 S극) 사이에는 서로를 밀어내는 척력이, 극성이 서로 다른 두 극(S극과 N극) 사이에는 서로 잡아당기는 인력이 작용하지.

철을 끌어당기는 자석은 오래전부터 그 존재가 알려져 있

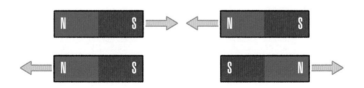

3-1 같은 극끼리는 밀어내고 다른 극끼리는 잡아당기는 자석의 특징

었어. 철광석 중에는 특히 자성을 띠는 자철광이라는 게 있는데 이 자철광을 가공해서 만든 게 자석이야. (자철광은 고대 그리스의 magnesia라는 지역에서 많이 생산됐기 때문에 이곳의 이름을 따서 자석을 magnet이라고 불러.) 사진 3-2처럼 자철광에는 철로 만들어진 못 등이 달라붙어.

자석에 대해서는 서양에서만이 아니라 고대 중국인들도 잘 알고 있었는데, 그들은 자석이 가리키는 방향이 항상 남북이라는 것을 통해 자석을 '지남철' 즉, 남(南)쪽을 가리키는(指) 철(鐵)이라 불렀어.● 중국에서는 3세기에 이미 자석의 이런 특성을 이용해 나침반을 발명하고 항해술에 이용하기도 했지. 그렇지만 중국이나 그리스나 고대 사람들은 자석이 왜 그런 성질을 띠는지 이해하지는 못했어. 자기와 전기 현상도 제대로 구분할 수 없는 시대였으니까 그건 너무 당연했지.

자기가 전기와는 다른 현상이라는 것을 처음으로 체계적으로 이해하고 발표한 사람은 16세기의 과학자이자 영국 엘리자베스 1세의 주치의였던 윌리엄 길버트(William Gilbert, 1544~1603)였단다. 그는 ≪자석에 대하여≫라는 책을 저술해 자석과 자기 현상에 대한 상세한 연구 결과를 정리해 발표한

〰● 자석의 N극은 북쪽(North), S극은 남쪽(South)을 가리킨다는 건 알고 있지?

3-2 자철광에 붙은 못 (출처: 위키피디아)

바 있어. 그는 특히 본인이 직접 수행한 다양한 실험을 근거로 자기가 전기와는 뚜렷이 구분되는 현상이라는 것을 보였지. 또 그는 지구가 하나의 거대한 자석이라는 결론도 이끌어 냄으로써 나침반의 원리를 밝혔어.* 길버트를 통해 이후 전기에 대한 학문과 자기에 대한 학문 분야가 나뉘고 별도로 이론이 정립되며 각각의 학문으로 발전해 나가게 돼. 그런데 재미있게도 이렇게 분파된 전기와 자기는 나중에 전자기학이라는 하나의 이론적 체계로 통합되며 다시 만나게 돼. 그 얘기는 조금만 더 기다렸다가 할게.

자석은 같은 극 사이에는 척력이, 다른 극 사이에는 인력이 작용한다는 것을 기억하지? 그런데 질량과 질량 사이에 작용하는 중력은 항상 끌어당기는 인력만 작용하지만, 중력과 달리 척력도 작용하는 힘이 하나 더 있었지? 맞아, 바로 1장에서 살펴본 전기력이야. 전기력에서는 자석처럼 같은 부호의 전하끼리는 척력이, 다른 부호의 전하끼리는 인력이 작용하잖아. 그러니 과학자들은 당연히 자기력과 전기력의 유사성을 머리에 떠올렸겠지. 만약 우리가 N극과 S극을 전기 현상을 일으키는 양전하 및 음전하와 비슷하게 자기 전하**라고 생각하면 자기력도 같은 방식으로 설명할 수 있을 테니까 말이야.

실제로 전하 사이에 작용하는 전기력에 대한 수학적 형태를 구한 쿨롱은 자기력에 대해서도 전기력과 똑같은 형태, 즉 자기 전하 사이에 작용하는 역제곱의 법칙을 제안했지만 자석을 자기 전하로 설명하려는 노력은 결국 실패하게 돼. 만약

―――
● 자석의 N극이 항상 북쪽을 가리키니까 North를 따서 N극이라 이름을 붙인 거니 사실 자석의 N극이 가리키는 지구의 북극은 지구를 하나의 거대한 자석으로 치자면 S극이 되는 거지. 지리학적으로 남극이라 부르는 곳은 지구라는 자석의 N극이 되는 거고.
●● 전기 현상을 일으키는 전하와 비교해서 자기 전하를 '자하'라고 줄여 부르기도 해.

자기력이 자기 '전하'라면 전기적 전하가 양전하와 음전하로 분리되는 것처럼 자기 전하도 두 종류로 분리돼야 하는데 자석의 N극과 S극을 분리해서 N극 자석, 또는 S극 자석으로 따로 떨어지게 만드는 것은 불가능하니까 말이야.

때문에 자석을 자석 표면에 나타난 N극과 S극을 나누는 기준에 따라 자르면, 그림 3-3의 중간 그림처럼 N극과 S극을 가진 두 개의 자석이 생겨. 그걸 다시 자르면 각각 N극과 S극을 가진 네 개의 작은 자석이 되고. 즉, 전기적 전하는 양의 전하와 음의 전하가 별개로 존재할 수 있지만 자석의 N극과 S극은 항상 쌍으로 붙어서 존재하고 이를 별개로 분리할 수가 없단다. 전기적 전하와 비슷한 것 같으면서도 다른 면이 있는 자석에는 도대체 어떤 비밀이 숨어 있을까? 그 비밀은 조금 더 있다가 파헤쳐 보기로 하고, 일단 여기서는 자석은 잘라도 계속 N극과 S극을 함께 가지고 있는 자석이 된다는 걸 기억하고 넘어가도록 하자.

N극과 S극을 잇는 선, 자기력선

그럼 먼저 전기력처럼 자석과 자석 사이에 작용하는 힘은 어떤 방식으로 작용하는지 이해해 보자. 어떤 자석 주변에 작

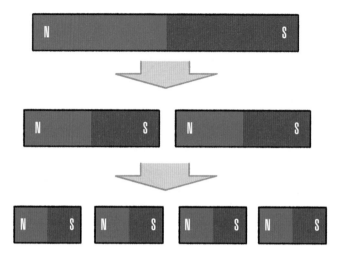

3-3 자석을 자르면 크기가 조금 작고 부호는 똑같은 자석이 하나 더 생기는 거야.

은 철가루를 뿌리면 철가루들이 자석이 미치는 힘을 받아서 일정 패턴을 이루며 배열을 한단다. 자료 3-4에 그 예가 나와 있지? 위 사진에는 막대 자석 주변에 뿌려진 철가루가 보이지 않는 손에 의해 부드러운 곡선을 그리며 조정되는 것처럼 정렬해 있어. 게다가 이 패턴은 자석의 N극과 S극을 연결하고 있지. 철가루 대신에 자료 3-4의 아래 그림처럼 작은 나침반들을 자석 주변에 배치해도 좋아. 어때? 나침반들의 바늘을 연결한 선이 철가루의 배열과 동일한 패턴을 나타낸

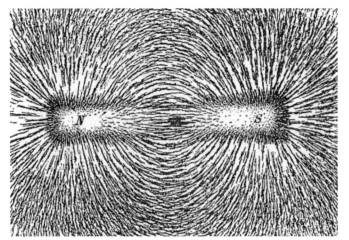

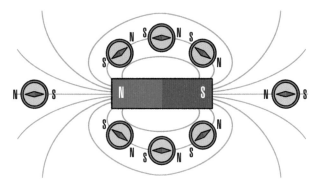

3-4 자석 주변에 나타나는 자기력선의 방향

다는 것을 알 수 있지?

전자기학의 선구자였던 마이클 패러데이는 이 철가루들이

정렬해 만드는 선을 '자기력선'이라 불렀지. 자기적인 힘을 전달하는 힘의 선이라는 의미를 담아 역선이라고 이름 붙인 거야. 이 선은 자료 3-4의 아래 그림처럼 나침반의 N극이 가리키는 방향을 쭉 연결해 이은 선이라고도 볼 수 있는데, 패러데이는 아무것도 없는 것처럼 보이는 자석 주변의 공간이 결코 텅 비어 있는 게 아니라 자석으로부터 뻗어 나가는 눈에 보이지 않는 역선으로 가득 차 있다고 여겼어. 그리고 이 공간에 새로운 자석이 들어오면 그 자석은 이미 자리 잡고 있던 자석이 만든 자기력선에 의해 끌리거나 밀리는 자기력을 받게 되는 거고.

1장에서 전기력을 전달하는 전기력선과 전기장에 대해 얘기했던 것 기억나니? 어떤 전하가 있으면 이 전하는 주변 공간에 전기력선을 만들고 이 공간에 들어온 다른 전하는 이미 형성되어 있는 전기력선을 느끼며 전기력이라는 힘을 받는다고 했었지. 자석이 형성하는 자기력선도 같은 맥락에서 이해할 수 있어. 전기력선이 양전하에서 음전하로 향하는 것처럼 자기력선은 N극에서 S극으로 향하는 거야. 한 자석이 만든 자기력선의 공간에 다른 자석이 들어오면 그 자석은 이미 만들어진 자기력선을 느끼면서 자기력이란 힘을 받지. 그리고 전기력선과 마찬가지로 자기력선이 더 촘촘히 모여 있는 곳의 자기력이 더 강해서, N극과 S극에서 가까울수록 자기력이 강하고 멀리 떨어질수록 자기력이 약해지는 거야. 단, 전기 현상에서는 양전하 혹은 음전하가 독립적으로 존재할 수 있고 이 개별 전하는 그림 1-7처럼 주변에 독자적인 전기력선을 만들 수 있어. 하지만 자석의 N극과 S극은 항상 붙어 있기 때문에 자기력선이 N극에서 나와 S극을 향하는 경로만을 형성한다는 차이점이 있지. 즉, 개별 자석의 경우 N극에서 뻗어 나간 자기력선은 반드시 자기 옆에 붙어 있는 S극으로 돌아오게 되어 있다는 거야.

자료 3-4의 아래 그림에 있는 실선이 바로 자기력선을 표현한다고 생각하면 돼. N극이나 S극은 절대 따로 존재할 수는 없으니까 너무나 당연하겠지? 물론 물리학자들은 전기 현상에서 전기력선보다는 전기장의 개념을 이용했던 것처럼 자기 현상의 경우에도 자기력선보다는 자기장의 개념을 선호해. 전기력선과 자기력선은 각각 전기장과 자기장을 시각적인 형태로 보기 편하게 표현한 도구이기 때문이야. 즉, 자석은 자기 주변 공간에 자기장을 만들고, 이 자기장이 형성된 공간 속에 놓인 다른 자석은 자기장에 반응해서 자기력을 느낀다는 거지. 전기장이 전기력을 매개하는 것처럼 자기장도 자기력이라는 힘을 매개해 주는 역할을 하는 거야. 그리고 그

것을 확인하려면 철가루를 뿌려 자석들 주변에 형성되는 자
기력선이나 자기장의 패턴을 확인하면 되지.

자, 이제 도대체 무엇이 자기력을 일으키고 주변 공간에 자
기장을 만드는지 그 정체를 파헤쳐 보도록 하자.

자기장의 비밀은 전류!

자기장의 비밀은 19세기 덴마크의 물리학자 한스 외르스테
드(Hans Christian Ørsted, 1777~1851)가 수행한 일련의 실험으
로 밝혀지기 시작해. 외르스테드는 전류가 흐르는 도선 주변
에 놓인 나침반의 바늘(자침)이 전류의 흐름에 영향을 받아 움
직이는 현상을 발견했어. 그 당시만 해도 전기 현상과 자기
현상은 전혀 관련이 없는 별개라고 생각했는데, 대표적인 전
기 현상인 전류가 흡사 자석처럼 행동하며 나침반 바늘을 움
직인 것은 정말 신기한 현상이었어. 그래서 외르스테드는 도
선 주변의 여러 곳에 나침반을 놓아서 전류가 나침반의 자침
을 어떤 방향으로 정렬시키는지 자세히 조사했지. 그 결과 전
류가 흐르는 직선 도선 주변에 놓인 나침반들은 도선 주변을
회전하는 형태로 힘을 받는다는 걸 확인했어.

지금까지 아주 작은 자석이라 할 수 있는 나침반의 자침

에 힘을 가해 자침의 방향을 바꿀 수 있는 것은 나침반 주변의 다른 자석, 정확히 말하면 자석이 만드는 자기력선이나 자기장이었어. 그런데 외르스테드는 나침반의 자침을 움직이는 또 하나의 원인인 전류를 발견한 거야. 전류가 자석과 똑같이 나침반에 영향을 줄 수 있다는 건 전류 주변에서 나침반이 힘을 느끼고 반응할 수 있는 자기장이 생겼다는 걸 의미해. 전하의 흐름인 전류도 자기장을 만든다는 거지!

사진 3-5는 아래에서 위로 흐르는 직선 전류 주변에 배치된 철가루가 만드는 패턴과 나침반의 자침이 가리키는 패턴을 보여 주고 있어. 이 원형 패턴들은 바로 직선 전류가 만드는 자기장의 방향이라 할 수 있지. 즉, 자기장을 묘사하는 선들은 전류 주변에 나침반과 같은 미니 자석들을 놓았을 때 이들의 N극이 가리키는 방향을 연결한 거라 생각하면 돼.

그런데 전류 주위에 자기장이 형성되는 방향은 어떻게 될까? 나침반을 가지고 알아보자. 그림 3-6에서 도선 주위에 놓인 나침반들이 그려진 첫 번째 그림을 보자. 나침반을 위에서 내려다볼 때 나침반 자침들의 빨간색 N극이 가리키는 방향을 연결하면 그림처럼 반시계 방향으로 돈다는 걸 알 수 있어. 그림에 있는 파란색 선의 방향처럼 말이야.

전선 주위에서 자기장이 만드는 패턴의 방향을 확인하려면

3-5 전류가 흐르는 전선 주변에 형성되는 자기장의 모습 (출처: 위키피디아)

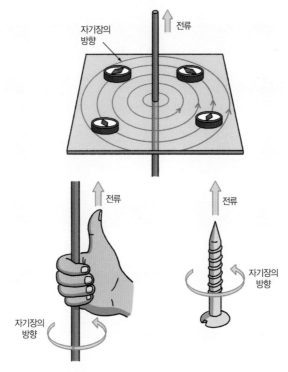

3-6 엄지손가락을 편 채 전선을 잡으면 엄지손가락은 전류의 방향을, 나머지 손가락은 자기장의 방향을 가리키지. 나사에 비유하면 나사의 뾰족한 부분은 전류의 방향, 나사를 조일 때 돌리는 방향은 자기장의 방향과 같아.

오른손을 이용하면 돼. 그림 3-6의 두 번째 그림처럼 오른손의 엄지를 전류가 흐르는 방향과 같게 놓았을 때 엄지손가락을 제외한 나머지 손가락들이 자연스럽게 감기는 방향이 바로 자기장의 방향, 다시 말해 나침반 자침의 N극이 향하는 방향과 같아져. 따라서 전선의 왼쪽 공간에서는 자기장이 지면을 뚫고 우리를 향해 튀어나오는 방향과 같고, 오른쪽 공간에서는 반대로 지면을 뚫고 들어가는 방향의 자기장이 생기지. 이를 **오른손 법칙**이라 불러. 나사에 비유해 기억해도 좋아. 오른나사는 나사가 끼워지는 방향을 전류 방향, 나사가 돌아가는 방향을 자기장 방향이라 기억하면 돼. 그리고 전류가 많이 흐를수록 자기장의 세기가 커지고 나침반들이 받는 자기력도 강해져. 그리고 전류가 흐르는 전선에 가까울수록 자기장이 세고 멀어지면 약해지지.

다음으로는 이제 직선 도선이 아닌 구부러진 도선에 전류가 흐르면 자기장이 어떻게 생기는지 알아볼까? 먼저 직선 말고 생각할 수 있는 가장 단순한 도선 형상으로는 원형 고리로 생긴 도선이 있지. 그림 3-7의 위 그림은 하나의 원형 고리를 따라 전류가 흐를 때 주변에 생기는 자기장의 방향을 보여 주고 있어. 이걸 확인하는 방법은 어렵지 않아. 원형 고리를 따라 흐르는 전류에 대해 아까 설명한 오른손 법칙을 이용

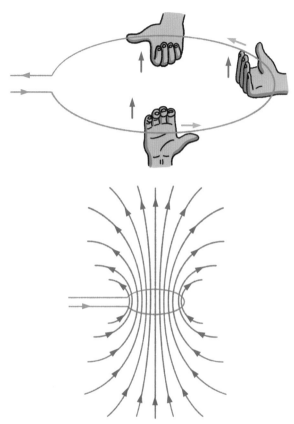

3-7 원형 고리를 따라 전류가 흐를 때 자기장의 방향. 파란색 선은 전류의 방향이고 빨간색 선은 자기장의 방향이야.

해 자기장의 방향을 확인해 봐. 즉, 그림처럼 오른손의 엄지를 전류 방향을 향하게 한 후에 원형 전선을 따라 쭉 돌려 보는 거지. 그럼 네 손가락이 감기는 방향인 자기장의 방향이 원형 고리 안에서는 아래에서 위로, 고리 밖에서는 위에서 아래로 향한다는 걸 알 수 있을 거야. 이 효과를 다 더하면 그림 3-7의 아래 그림처럼 자기장이 원형 고리의 단면을 아래에서 위로 통과해 올라오는 방향으로 만들어지지. 전류가 반대 방향으로 흐른다면 그때는 자기장이 원형 고리의 위에서 아래로 통과하는 방식으로 생기는 거고.

그런데 이 그림에서 보이는 원형 전류 고리의 자기장 패턴이 어딘가 많이 익숙하지 않니? 맞아. 그건 그림 3-4의 아래에 있는 그림이 보여 주는 것처럼 하나의 영구자석 주변에 형성되는 자기장과 많이 닮아 있지. 결국 전류 고리가 만드는 자기장과 영구자석이 만드는 자기장은 다를 게 없다는 걸 알 수 있어. 이 결과는 자석의 정체는 어쩌면 전류 고리일 수도 있다는 걸 암시하지.

자석의 정체

이게 맞는지 파헤치기 위해서는 결국 자석의 속을 들여다봐야 하는데, 자석은 N극과 S극으로 쪼갤 수 없으니 이 말은 곧 자석을 이루는 원자들까지 살펴봐야 한다는 얘기야. 1장에서 전하를 설명할 때 원자는 양전하를 가진 원자핵과, 음전하를 가진 채로 원자핵의 주위를 도는 전자로 이루어져 있다고 말했지? 전자가 원자핵 주변을 도는 것은 결국 음전하가 움직이는 것이고 이러한 전자의 운동은 전류라고 할 수 있어. 즉, 원자는 원자핵 주변을 전자가 작은 전류 고리를 형성하면서 돌고 있다는 말이고.

아까 전류가 흐르면 주변에 뭐가 생긴다고 했지? 그래, 자기장이야. 결국 원자핵을 중심에 놓은 전자의 회전 운동은 원자 스케일의 자기장을 만들어. 게다가 전자의 자체 회전, 즉, '자전' 운동으로 비유하는 스핀(spin)이라는 전자의 속성도 자기장의 형성에 기여해. 물론 이런 비유는 현대물리학이 발견한 사실을 대충 거칠게 얘기한 것이라는 점을 명심해. 자기 현상은 현대물리학, 특히 양자역학에 의해서만 제대로 설명되고 다뤄질 수 있어. 즉, 양자역학을 이용해야 왜 특정 원자들만 자석의 성질을 띠는지, 거기에 스핀은 어떻게 관련되는지 등을 명확히 이해할 수 있어. 이건 대학교에 가서 좀 더 전문적인 공부를 할 때에 이해가 가능할 거야.●

이제 그림 3-8을 같이 볼까? 그림에 나와 있는 작은 공들

〰〰● 자석을 이루는 물질들의 자성이 형성되는 데에는 전자의 공전에 해당하는 궤도 운동보다는 자전으로 비유하는 스핀 운동이 더 큰 기여를 하는 걸로 알려져 있어.

외부 자기장 = 0

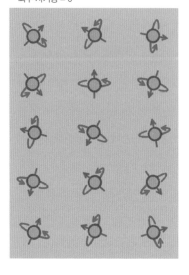

외부 자기장 ≠ 0

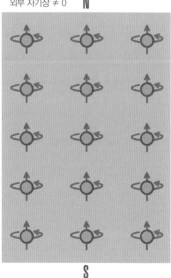

3-8 자석을 갖다 대자 방향이 제각각인 채로 놓인 원자가 일정한 방향으로 정렬하지.

은 원자를 나타낸 거야. 그리고 주변을 도는 빨간색 원형 화
살표는 전자가 만드는 전류 고리를 형상화한 거고. 그럼 이

원형 전류는 원자의 위치에 자기장을 만들겠지? 원자 위에 그려진 직선 화살표는 전류에 의해 이 원자들이 자석의 성질을 띤다는 사실을 표현한 것이고 화살촉이 N극, 그 반대가 S극이라 생각하면 돼.

그림 3-8 중 왼쪽 그림은 방향이 제멋대로인 원자 자석들의 모습을 보여 줘. 이러면 각 원자가 만드는 자기장의 방향도 무질서하게 놓여 있어서 무작위적으로 섞이며 전체 자기장이 상쇄되지. 즉 원자 단위로는 미세한 자기장이 존재할 수 있지만 이들이 제멋대로 놓여 있으면 전체적으로는 자석의 성질을 띠지 않아. 반면에 오른쪽 그림을 보면 외부에서 자석을 갖다 대 물질에 자기장을 가하고 있어. 즉, 물질의 상단에 영구자석의 S극을 갖다 놓는 상황이야. 그러면 원자 자석들의 N극은 일제히 영구자석의 S극에 끌리면서 원자들은 거의 같은 방향으로 정렬하겠지? 이 때문에 원자 자석들이 만드는 자기장의 방향도 정렬되고 자기장이 서로 더해져 세지면서 이 원자들로 구성된 물체도 자석의 성질을 띨 수가 있어.

일반적인 물체는 가까이 댔던 외부의 자석을 치우면 정렬해 있던 원자들의 방향이 원래대로 무질서하게 바뀌며 자석의 성질이 사라져. 그렇지만 철과 같은 특별한 물질들은 원자 자석들의 정렬 상태가 흩어지지 않고 유지돼. 그게 바로 영구자석의 내부 모습이야. 각 원자 단위의 초소형 자석이 같은 방향으로 정렬해 이들이 만드는 자기장이 합해지면서 하나의 커다란 자석을 이루지. 하지만 무조건적으로 이런 현상이 유지되는 것은 아니야. 만약 영구자석의 온도를 올리면 어느 정도의 온도까지는 원자들이 한 방향으로 정렬해 있지만 온도를 너무 높이면 열 에너지가 너무 커져서 원자들의 배열이 무너져 버리며 방향이 제멋대로 바뀌고 자석의 성질이 사라진단다. 영구자석이라 해도 온도를 많이 올리면 자석의 성질이 사라지고 온도를 낮추면 자석의 성질이 회복되는 거지.

영구자석의 실체를 알고 나니 왜 자석을 쪼개도 똑같이 N극과 S극을 가진 두 개의 자석이 생기는지 이해 되지? 그림 3-8의 오른쪽에 나와 있는 영구자석의 가운데를 자르더라도 원자들이 정렬되어 있는 상태가 바뀌지는 않기 때문에 N극과 S극의 형태가 유지되는 거야. 쪼개진 개별 자석들 속의 원자들이 위로는 N극, 아래로는 S극으로 정렬해 있는 상황은 그대로란 얘기지. 물론 쪼개져서 길이가 줄어든 만큼 개별 자석 속의 원자의 수도 줄어들겠지만, 그들만으로도 N과 S라는 양극을 가지며 자성을 구현하는 데는 전혀 문제가 없어. 쪼개진 자석들을 다시 더 나누더라도 마찬가지야. 그래서 자기장을 만드는 자석의 N극과 S극을 분리할 수 없는 거지.

지금까지의 얘기를 통해 뭘 알 수 있었니? 그래, 자석의 성질, 자기 현상의 중심에는 결국 전류가 자리 잡고 있었지. 전기와는 별개라고 생각했던 자기 현상도 결국 전기적 현상인 전류와 관계가 있었지. 전류는 자기장을 만들고 물체가 자석의 성질을 가지도록 하는 근본 원인이야. 그렇지만 이게 전기의 쌍둥이인 자기에 대한 얘기의 끝은 아니야. 자기장 속을 전하가 지나갈 때 생각지도 못한 신기한 일이 벌어진단다. 이건 다음 장에서 다뤄 보도록 할게.

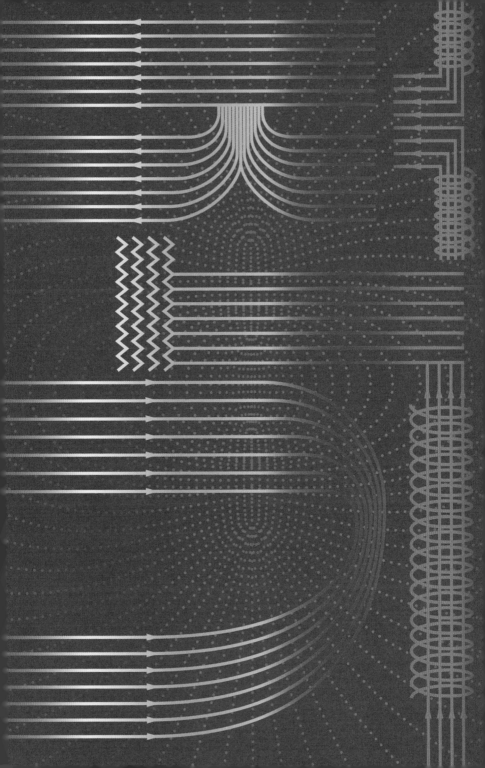

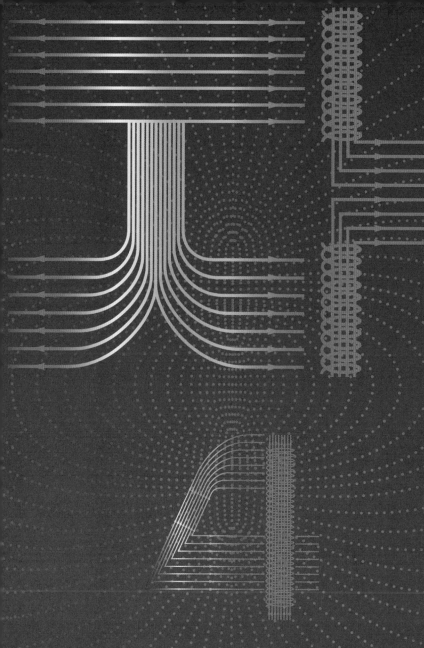

4

자기장의 세계

움직이는 전하와 자기장

지금까지 그냥 흔하게 구할 수 있는 자석 속에 숨어 있던 비밀의 한 자락을 들쳐 본 기분이 어때? 자석이 만드는 자기 현상의 밑바탕에는 결국 전류라는 전기적 현상이 숨어 있다는 것을 알았으니 이번 장에서는 자기 현상과 자기장이 우리의 일상에서 어떤 역할을 하는지 알아볼 차례야. 그렇지만 그전에 자기장에 관련된 힘을 한 가지만 더 언급하고 넘어가려고 해. 이걸 알아야 모터나 가속기처럼 우리에게 친숙하거나 많이 들어 본 것들을 이해할 수 있거든. 이것은 자기장 속을 통과하는 전하가 느끼는 힘이고 자기장에 장단을 맞춰 전하가 추는 춤과 관련되어 있으니 같이 한번 알아보자.

지금까지 배웠던 힘에는 무엇이 있지? 그래, 먼저 중력, 전기력이 떠오를 거고 그다음으로 자석과 자석 사이에 작용하는 자기력이 기억날 거야. 그런데 우린 이제 전류가 자기 현상의 중심에 있다는 것, 그러니까 전류는 주변에 자기장을 만들고, 이를 통해 형성된 자기장은 나침반과 같은 작은 자석에 자기력을 미칠 수 있다는 것을 알아. 그렇다면 자석도 자기장을 만들고 전류도 자기장을 만드는데, 자석과 자석 사이에 힘(자기력)이 작용하면 전류가 흐르는 도선들 사이에도 힘이 작용하지 않을까, 이런 생각을 해 볼 수 있겠지. 아니면 자기장 속에 놓인 자석이 힘을 받는 것처럼 자기장 속에 놓인 전류도 힘을 받는 게 아닐까, 하는 궁금증이 들 수도 있고. 두 의문 모두 맞아. 뒤에서 더 자세히 다루겠지만 전류가 흐르는 도선과 도선 사이에도 힘이 작용하고 자석 주변에 놓인 전류가 흐르는 도선도 힘을 받아. 이를 좀 더 자세히 살펴보자.

우선 자석 옆에 양전하를 하나 놓았다고 생각해 보자. 이 전하는 움직이지 않고 가만히 정지해 있는 전하야. 그럼 그 옆에 자석이 있든 없든 이 전하는 아무런 힘을 받지 않아. 다른 자석도 움직일 수 있는 강력한 자기력을 발휘하는 자석이라도 정지해 있는 전하 앞에서는 아무런 힘을 발휘하지 못하지. 그런데, 정지해 있던 그 전하가 움직이면 놀라운 일이 벌어져. 가만히 있을 때는 자기장을 전혀 느끼지 않던 전하가 일정한 속도로 움직이면 자석이 만드는 자기장을 느끼면서 힘을 받아. 즉, 자석이 만드는 자기장은 정지 전하에는 힘을 줄 수 없지만 움직이는 전하에는 힘을 미친다는 거야. 그리고 움직이는 전하가 자기장에 의해 받는 이 힘은 이를 연구한 과학자인 헨드릭 로렌츠(Hendrik Antoon Lorentz, 1853~1928)의 이름을 따서 **로렌츠 힘**(Lorentz force)이라고 불러.

그런데 자기장이 움직이는 전하에 로렌츠 힘을 미치는 방식은 매우 독특해. 우리가 배운 중력이나 전기력, 그리고 자석과 자석 사이에 작용하는 자기력은 두 물체를 연결하는 직선을 따라, 그러니까 서로에게 끌리거나 밀리는 방식으로 힘을 받아. 그런데 자기장 속에서 움직이는 전하는 자기장의 방향과 나란한 방향이 아닌 수직인 방향으로, 게다가 자신이 움직이는 방향에 대해서도 수직인 방향으로 힘을 받아. 다시 얘기해 볼게. 자기장 속에서 움직이는 전하가 로렌츠 힘을 받는 방향은 자기장 방향(자기력선 방향)에도 수직이고 움직이는 방향에도 수직이야. 그런데 여기에는 전하가 자기장과 나란히 움직이면 힘을 받지 않는다는 조건을 충족해야 해. 전하가 움직이는 방향이 자기장의 방향과 조금이라도 어긋나서 각도를 가져야 힘을 받는다는 거지. 자기장에 수직인 방향으로 움직이면 가장 큰 힘을 받고.

자기장에 대해서 수직이면서 움직이는 방향에도 수직으로 작용하는 힘이라니, 설명만 들어서는 감이 잘 안 오지? 그림 4-1을 보면 두 개의 자석이 만드는 자기장 속을 양의 전하가 움직이고 있어. 두 자석의 극성에 의해 자기장은 그림의 파란색 화살표 방향처럼 왼쪽을 향하고, 양전하는 지면을 뚫고 들어가는 방향으로 움직여. 이때 전하는 위쪽 빨간색 화살표 방향으로 로렌츠 힘을 받아. 빨간색 화살표는 자기장의 방향

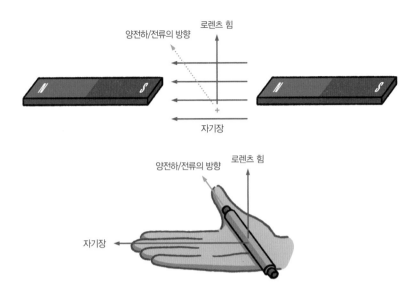

4-1 자기장 속을 움직이는 전하 혹은 자기장 속을 흐르는 전류가 느끼는 힘의 방향. 자기장 속에서 움직이는 전하는 자기장 방향에도 수직이고 움직이는 방향에도 수직인 힘을 받아.

을 나타내는 파란색 화살표와, 양전하가 움직이는 방향을 나타내는 녹색 화살표에 동시에 수직이지? 결국 전하는 자기장 속을 통과하면서 힘을 받는 방향인 위로 꺾이게 된단다. 그리고 전하의 움직임은 곧 전류니까 전하 대신 전류가 흐르는 도선이 있어도 위로 힘을 받는 거지.

　그런데 만약 이 전하의 부호가 음이라면, 가령 전자와 같은 음전하라면 부호가 반대라서 로렌츠 힘의 방향도 반대로 뒤

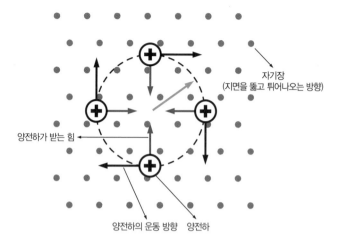

자기장
(지면을 뚫고 튀어나오는 방향)

양전하가 받는 힘

양전하의 운동 방향   양전하

4-2 양선하의 운동 방향이 바뀌어도 로렌츠 힘은 양전하의 운동 방향에 수직으로 작용해서 전하는 원을 그리는 운동을 하지.

집어져. 즉 전자에 대한 힘의 방향은 위가 아니라 아래야. 즉 로렌츠 힘은 움직이는 전하의 부호에 따라 작용하는 방향이 달라지지.

자, 로렌츠 힘과 관련해서 우리에게 주어진 건 세 가지 방향이야. ① 자기장의 방향, ② 양전하가 움직이는(그래서 전류가 흐르는) 방향, ③ 마지막으로 이 전하나 전류가 받는 힘의 방향. 이 세 방향 사이의 관계를 그림 4-1의 아래 그림과 같이 오른손을 이용해 기억할 수도 있어. 엄지손가락의 방향은 전하가 움직이는 방향을 가리키고 나머지 네 손가락의 방향이 자기장의 방향을 가리킨다면 전하가 느끼는 힘은 손바닥이 가리키는 방향으로 작용해. 움직이는 방향에 대해 수직으로 힘이 작용하면 그 물체는 어떻게 될까? 당연히 방향이 바뀌겠지? 전하가 움직이는 방향이 바뀌면 로렌츠 힘은 그 새로운 방향에 대해서도 수직으로 작용해. 그래서 전하가 움직이는 방향에 대해 수직으로 작용하는 로렌츠 힘은 끊임없이 전하의 운동 방향을 바꾼단다. 그렇게 전하의 운동 방향이 계속 바뀐 결과 전하는 원을 그리며 운동을 하게 돼.*

우리 그림 4-2을 볼까? 두 개의 큰 자석을 이용해서 만든 자석의 자기장이 지면을 뚫고 우리를 향해 나오는 방향으로 정렬되어 있다고 하자. 그리고 그림처럼 양전하 하나를 그 자기장의 수직 방향으로 발사했다고 해 보자. 그러면 전하는 자기장의 방향과 수직이고 자신이 움직이는 방향과도 수직으로 힘을 받아. 이로 인해 방향이 변하지. 그림 4-2에서 양전하가 움직이는 각 방향에 대해 로렌츠 힘의 방향을 빨간색 화살표로 표시했는데 이것들이 모두 맞는지 스스로 확인해 봐도 좋아. 그림 4-1처럼 오른손을 이용해 확인해 봐도 좋고. 양

〰〰● 움직이는 방향에 대해 수직으로 작용하는 이 힘을 구심력이라 불러. 지구 주위를 도는 달에 작용하는 만유인력도 달을 끊임없이 지구로 당기는 구심력이지.

전하가 어디에서 움직이든지 그 방향에 대해 수직인 방향으로 로렌츠 힘이 작용한다는 사실은 변함이 없어. 그래서 그림처럼 원운동을 하는 거야. 그리고 사진 4-3은 자기장 속에서 움직이는 전자가 용기 내부의 희미한 기체를 만나면, 전자의 운동 에너지가 기체에게 전달돼서 그 일부가 빛 에너지로 바뀌면서 발광하는 모습을 보여 주고 있어. 전자가 자기장 속에서 뚜렷이 원운동을 하는 걸 나타내지.

정리하자면 자기장 속에 가만히 있는 전하는 아무런 힘을 느끼지 못하다가 전하가 움직이기 시작하면 로렌츠 힘을 받게 돼. 앞에서 말했듯이 자기장에 수직이고 동시에 자신이 움직이는 방향에 대해서도 수직인 방향으로 말이야.

그런데 전하의 움직임은 전류잖아? 전하 하나하나가 모두 힘을 받는다는 거니까 전하가 모인 전류도 힘을 받는다는 거지. 전류가 흐르는 도선을 자기장 속에 놓으면 그 도선도 힘을 받는다는 이야기야. 앞서 전류가 흐르는 방향은 양전하가 움직이는 방향과 같다고 얘기했던 것 기억나지? 따라서 양전하가 자기장 속을 움직일 때 받는 힘의 방향이 바로 전류가 같은 방향으로 흐를 때 받는 힘의 방향이 돼. 즉, 도선이 받는 힘의 방향과 세기는 개별 전하가 받는 힘의 방향과 세기의 합과 관련되겠지. 그래서 전류가 더 많이 흐를수록, 그리고 자

4-3 전자의 운동 에너지 일부가 기체를 만나 빛 에너지로 변환하면서 발광하게 돼! (출처: 위키피디아)

기장 속에 놓인 도선이 길수록 도선이 받는 힘은 더 세져.

자기장 속 전류가 힘을 받을 때

한 단계 더 나아가 볼까? 자기장 속의 전류가 힘을 받으면 전류끼리도 서로 힘을 주고받아. 왜 그럴지 같이 생각해 볼까? 아까 전류가 흐르면 주변에 자기장이 생긴다고 했지? 그림 4-4를 보면서 두 전류 사이에 작용하는 힘을 설명해 볼

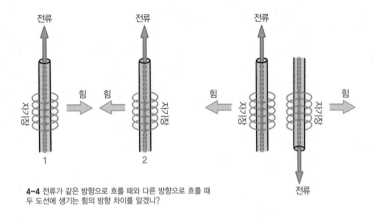

4-4 전류가 같은 방향으로 흐를 때와 다른 방향으로 흐를 때 두 도선에 생기는 힘의 방향 차이를 알겠니?

게. 그림의 왼쪽에 같은 방향으로 전류가 흐르는 두 도선이 있어. 각 도선은 자기 주변에 자기장을 만들겠지.

이제 1번 도선이 만드는 원형의 자기장을 생각해 보자. 앞의 그림 3-6에서 따졌던 방식으로 보면 1번 도선에 흐르는 전류는 원형의 자기장을 만드는데 2번 도선의 위치에서 1번 도선의 전류가 만드는 자기장은 지면을 뚫고 들어가는 방향으로 생기지. 오른손을 이용해 그 방향을 조사해 보면 알 수 있을 거야. 이때 2번 도선 내에서 위로 흐르는 전하(전류)는 그림 4-1에서 보여 준 규칙에 따라 왼쪽으로 로렌츠 힘을 받고 2번 도선은 1번으로 끌리지. 마찬가지로 2번 도선의 전류가 만드는 자기장이 1번 도선의 전류에 작용하는 로렌츠 힘

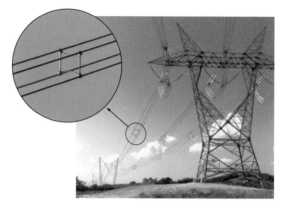

4-5 송전탑에 있는 전선이 로렌츠 힘이나 바람 등에 의해 닿지 않게 스페이서라는 장치를 설치해 줘야 해!
(출처: 위키피디아)

은 오른쪽이야. 이로 인해 같은 방향으로 전류가 흐르는 두 도선 사이에는 인력이 생겨.

만약 두 도선의 전류가 반대 방향으로 흐른다면 어떻게 될까? 각 도선이 만드는 자기장의 방향과 전류의 방향을 따져 보면 이 경우에는 두 도선이 서로를 밀어낸다는 걸 알 수 있어. 그림 4-4의 오른쪽 그림을 보면서 스스로 힘의 방향을 결정해 보겠니? 어렵지 않을 거야.

지금까지 전류가 흐르는 도선들 사이에 작용하는 힘의 원리를 알아보았는데, 그 실체를 확인할 수 있는 대표적인 곳이 바로 송전탑 위야. 송전탑에 고정된 고압 전선들에 전류가 흐르면 전류의 방향에 따라 고압선들이 인력이나 척력을 느끼겠지. 그로 인해 고압선들이 서로 접촉하면 합선이 되면서 정전 같은 심각한 문제가 발생할 거야. 따라서 송전탑의 고압선 사이에는 로렌츠 힘이나 외부 요인으로 인해 고압선이 흔들려도 늘 일정하게 간격을 유지하는 스페이서(Spacer)를 설치해서 고압선끼리의 접촉을 막지. 그렇지만 움직이는 전하나 전류에 미치는 자기력이 꼭 골칫거리인 것만은 아니야. 오히려 그 반대지. 과학자, 공학자들은 이 자기력을 이용해 놀랄 만한 연구를 하거나 매우 유용한 장비나 기기들을 발명할 수 있었어. 이를 알아보기에 앞서 우선 전류를 이용해 강력한 자석, 즉 전자석을 만드는 방법을 알아보도록 하자.

전류가 자기 주변에 자기장을 만든다는 사실을 이용해 구현할 수 있는 재미있고 실용적인 사례가 바로 전자석이야. 직선 도선을 흐르는 전류가 자기 주변에 원형 패턴의 자기장을 만든다는 것 기억나지? 또 원형 고리를 따라 흐르는 전류가 만드는 자기장도 그림 3-7에서 확인할 수 있었어. 원형 고리에 전류가 흐르면 고리의 내부에 비교적 균일한 자기장이 형

성되고 고리 밖에서 이를 보면 마치 작은 자석 하나가 고리 위치에 생긴 것처럼, 고리의 한쪽 끝이 N극, 다른쪽 끝이 S극인 자석처럼 보이는 거야. 전류 고리를 만들면 자석의 성질이 생긴다는 거고 결국 자기 현상의 중심에는 전류가 있는 거지.

그런데 전류가 같은 방향으로 흐르는 이런 원형의 도선 여러 개를 나란히 배치하면 어떻게 될까? 각 원형 도선이 만드는 자기장이 합쳐져 효과가 더욱 커지지 않을까? 이를 가장 간단하게 구현할 수 있는 방법은 그림 4-6처럼 도선을 나선형으로 꼬아서 만든 코일을 이용하는 거야. 이를 **솔레노이드**(Solenoid)라고 불러. 솔레노이드에 전류가 흐르면 꼬인 각 원형 도선들이 만드는 자기장이 합쳐져서 코일 내부에는 균일한 자기장이 통과하는 통로가 만들어져. 그림 3-4의 자석이 만드는 자기장이나 그림 4-6의 솔레노이드가 만드는 자기장의 모습이나 똑같다는 것을 생각하면 '기다란 자석=솔레노이드'라고 해도 무방하다는 것을 이해할 수 있겠지? 이처럼 도선에 전류를 흘려 보내서 자석의 성질을 구현한 것이 바로 우리가 전자석이라고 부르는 거지.

전자석은 보통 도선을 나선형으로 꼬고, 그림 3-7에 보이는 원형 도선을 수백, 수천 번 연결한 것과 비슷한 효과를 내게 돼. 이렇게 만든 전자석은 자성을 띠기 때문에 코일의 오

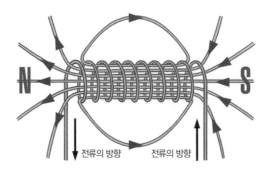

4-6 솔레노이드와 솔레노이드에 전류가 흘렀을 때 생기는 자기장의 모습

른쪽에 나침반을 놓으면 그림 4-7처럼 나침반의 S극이 전자석의 N극에 끌리게 돼. 아래 막대자석이 나침반의 바늘을 움직이는 것과 같은 효과를 낸다는 거지.[*]

어떻게 하면 솔레노이드를 이용해 전자석을 만들 때 더 강한 자석을 만들 수 있을까? 먼저 코일의 감긴 횟수를 늘리는 게 한 방법이겠지. 그건 전류 고리를 더 촘촘하게 쌓는 효과를 가져올 테니까 말이야. 직선 도선처럼 솔레노이드를 흐르는 전류량을 증가시켜도 자기장이 더 세질 거야. 게다가 코일의 가운데에 철과 같은 자석의 성질을 띤 물질을 넣으면 전자석의 자기장 세기가 훨씬 세지면서 매우 강력한 자석을 구현할 수 있어. 가성비가 떨어져 실제로 구현되지는 않겠지만 구리보다 도전율이 높은 은으로 코일을 만들면 더 강한 자석을

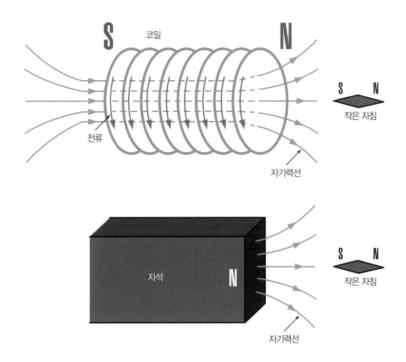

4-7 코일에 전류를 흘려 보내면 자기력선이 형성되고 나침반의 S극이 전자석의 N극에 끌려.

만들 수도 있지.

전자석은 응용되는 곳을 일일이 언급하기 힘들 정도로 활

〰● 솔레노이드에 전류가 흐를 때 어느 쪽이 N극이 되는지도 오른손을 이용해 확인할 수 있어. 오른손의 네 손가락을 솔레노이드 코일에서 전류가 흐르는 방향과 같아지도록 감아 봐. 이때 오른손 엄지가 가리키는 방향이 N극이야. 그 반대편은 S극이고.

용되는 곳이 많아. 가장 대표적인 예 중 하나가 폐차장에서 쓰이는 기중기지. 폐기된 자동차들을 들어 옮기는 기중기에는 쇠로 된 차체를 들어 올릴 수 있는 강력한 전자석이 활용돼. 쇠로 된 물체를 들어 올릴 때는 전류를 흘려 보내 자성을 띠게 만들고 차를 내릴 때는 전류를 차단시켜 자성을 없애는 방식으로 사용하는 거야.

지금까지 자석과 자기장, 그리고 자기력의 기본적인 성질들을 알아보았으니 이제부터는 자기력이 우리 인류에게 선사한 선물들을 알아보도록 하자. 우선 얘기하고 싶은 건 자기력이야말로 지구에 사는 생명체들이 안전하게 생활할 수 있도록 보호해 주는 보호막이라는 거야. 자석 얘기를 하다가 왜 갑자기 지구 얘기를 하냐고? 3장에서 길버트라는 과학자가 지구도 하나의 거대한 자석이라는 점을 발견했다고 얘기했지? 지구가 만드는 자기장을 '지자기'라고 줄여서 표현해. 3장에서 우리는 자석의 본질이 전류라는 걸 알았어. 그런데 지구 밖에서 지구에 전류를 공급해 주는 어떤 특별한 장치가 있는 게 아니잖아? 그렇다면 지구 내부에 자기장을 만드는 전류가 흐르고 있는

것은 아닐까?

맞아. 지구를 해부해 보면 가장 바깥쪽에는 우리가 발을 디디고 있는 지각이 있고 그 아래에 맨틀이 있어. 그리고 좀 더 안쪽에는 외핵과 내핵이 있지. 내핵을 감싸는 외핵은 철이나 니켈 같은 금속이 녹아 있는 액체 상태로 알려져 있는데 과학자들은 지구의 자기장이 이 액체 상태의 외핵에 존재하는 전류 때문에 발생한다고 생각하고 있어. 그런데 왜 지자기가 지구 위의 생명체에게 보호막이 될 수 있을까? 이를 이해하려면 태양에서 날아오는 태양풍(Solar Wind)의 위험에 대해 알아봐야 해.

태양풍이란 태양으로부터 불어오는 바람이야. 그런데 바람이라고 해서 대기가 만드는 바람처럼 머리카락을 날리고 시원함을 가져다주는 바람이 아니지. 지구에서 지각 활동이 이루어져서 지진 같은 게 일어나는 것처럼 태양의 표면에서도 다양한 태양 활동이 일어나고 있어. 이 현상을 통해 태양에서 분출되는 물질들이 우주로 퍼져 나가는데 이를 태양풍이라 불러. 태양풍을 이루는 건 엄청나게 빠른 속도로 움직이는 전자, 양성자, 헬륨의 원자핵과 같이 전하를 띤 대전된 입자들이야. 이들은 방사능의 일종인데 운동 에너지가 너무 높아서 그 상태 그대로 지구 표면 위에 쏟아지면 생물체의 생체 조직

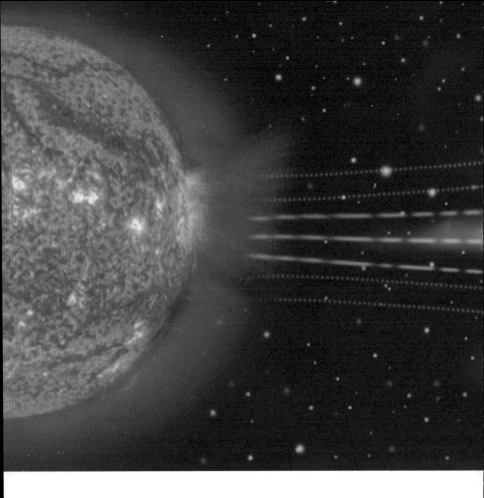

을 파괴하고 DNA의 변형을 일으키는 등 지상의 생명체에게 치명적인 문제를 일으켰을 거야. 이렇게 강력한 에너지를 가진 태양풍이 지구에 도달해서 가장 먼저 만나고 이를 막아 주는 방패 역할을 하는 게 지구가 만드는 자기장이지. 앞에서 알아본 것처럼 전하를 띤 입자가 움직이면서 자기장 속을 통

4-8 지구의 외핵이 형성하는 자기장이 태양풍으로부터 우리를 보호해 주고 있어! (출처: NASA)

과하면 로렌츠 힘을 받아서 자신이 움직이는 방향으로부터 벗어나게 되지. 즉, 지구 표면을 강타할 태양풍의 입자들이 지구의 자기장으로 인해 방향을 틀면서 지구를 에돌아 가게 돼. 그림 4-8을 보면 태양풍에 맞서는 지구의 자기장이 보이지. 이런 면에서 지구가 만드는 자기장은 대기와 더불어 강력

한 태양풍으로부터 지구 위 생명체들의 삶을 보장하는 가장 중요한 방어막이라 할 수 있지. *

이처럼 로렌츠 힘은 움직이는 전하의 방향을 바꾸는 역할을 하기 때문에 인류는 이 성질을 이용해 매우 유용한 장치들을 만들어 왔어. 대표적인 게 바로 가속기야. 가속기는 말 그대로 입자의 속도를 높이는 거대한 장치인데 우리나라에는 포항에 방사광 가속기가 있지. 이 가속기는 전체적으로 원형을 띠는 저장링을 가지고 있고 이 링 속을 전자가 빛의 속도에 가깝게 가속되어 돌게 되어 있어. 전자와 같은 하전 입자는 매우 빠르게 움직이다가 운동 방향을 바꿀 때 강한 엑스선을 방출하는 성질이 있는데, 이 엑스선을 물질에 쬐어 주면 물질의 구조를 세밀히 분석할 수 있지. 그리고 2020년, 정부는 이보다 성능이 더 뛰어난 4세대 방사광 가속기를 청주에 짓는다고 결정했어.

그런데, 엄청나게 빨리 움직이는 전자의 방향을 어떻게 바꿀까? 여기에도 자기장이 관계되어 있어. 즉, 전자의 운동 방향을 바꿔 줘야 할 위치에 전자석을 설치해 놓고 자기장을 가

───

* 지자기에 의해 에돌아 가는 태양풍의 하전 입자(전기를 띤 입자) 일부가 지구 극지방의 대기로 들어오면 대기를 구성하는 분자들과 충돌하면서 빛을 내는데 이게 바로 오로라야.

4-9 포항 방사광 가속기 전경 (출처: 포항가속기연구소)

하면 로렌츠 힘에 의해 전자의 운동 방향이 바뀌는 원리를 가속기에서 이용해. 이렇게 전자의 운동 방향이 바뀌는 순간 발생하는 엑스선을 다양한 첨단 연구에 활용할 수 있어. 그림 4-2를 다시 보면 이 말이 무슨 의미인지 바로 알 수 있을 거야. 따라서 자기장은 전자와 같은 하전 입자의 운동 방향을 정밀하게 조정할 수 있는, 자동차의 운전대와 같지.

전기 모터와 스피커로 확인하는 로렌츠 힘

몇 가지 예를 들었지만 자기장을 이용해 동작하는 가장 대표적인 장치가 전동기라고도 불리는 전기 모터야. 많은 기계 장치에서 전기 에너지를 회전하는 운동 에너지로 바꿔 주는 게 모터잖아. 모터의 작동 원리를 살펴보면 위에서 얘기했던 로렌츠 힘이 결정적인 역할을 해. 그림 4-10을 보면서 설명해 볼까?

그림을 보면 두 개의 자석이 있고 왼쪽에 있는 자석의 N극에서 오른쪽에 있는 자석의 S극 방향으로 자기장이 형성되어 있어. 그리고 두 자석 사이에 사각형의 도선이 놓여 있지. 이 도선에 그림처럼 전류를 흘려 보낸다고 해 보자. 자기장 속에서 전하가 움직이거나 전류가 흐르면 일어나는 로렌츠 힘은 자기장의 방향과 전류의 방향 모두에 수직인 방향으로 작용하지. 그림에서 볼 수 있듯이 사각형 도선의 왼쪽 부분에서는 전류가 지면을 뚫고 나오는 방향으로 흐르고 오른쪽 부분에서는 지면을 뚫고 들어가는 방향으로 흘러. 그림 4-1에서 보여 준 규칙을 다시 살펴본 후에 자기장의 방향을 고려한다면 그림의 보라색 화살표처럼 도선의 왼쪽은 위로, 오른쪽은 아래로 힘을 받는다는 걸 알 수 있어. 때문에 도선은 회전하는 거야.

도선의 나머지 부분은 어떨까? 그곳에서는 전류가 자기장과 나란하니까 힘을 받지 않아. 그런데 전류가 흐르며 위로 작용하는 힘을 받은 왼쪽 도선은 반 바퀴 회전해 오른쪽으로

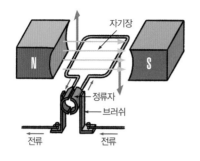

자기장

N   S

정류자
브러쉬

전류   전류

4-10 전기 모터의 구조

가도 힘은 여전히 위로 작동해서 도선은 더 이상 같은 방향으로 회전하지 못해. 때문에 도선이 반 바퀴 회전할 때마다 전류의 방향을 바꾸어 주는 정류자를 달아서 도선의 회전 방향을 같게 유지해 주어야 해. 이렇게 작동하는 모터는 다양한 동력 장치와 기계 장치의 필수품이 된 지 오래지.

모터의 구동에 사용되는 로렌츠 힘은 스피커에도 사용된단다. 스피커에는 볼륨을 조절하는 장치가 있는데 대체 어떤 원리로 소리가 커지고 작아지는 걸까? 로렌츠 힘은 스피커 안에서 소리를 만드는 떨림판(Diaphragm)을 흔드는 역할을 하지. 그림 4-11의 오른쪽 스피커 구조 그림을 보면서 스피커의 원리를 알아보자. 스피커 속에는 그림처럼 세 가닥으로 갈라진 영구자석이 있어. 가운데가 N극이라면 양쪽은 S극이 되겠지. 가운데 자석에는 코일이 감겨 있는데 이를 보이스 코일(Voice Coil)이라 불러. 자석이 그림처럼 놓여 있으면 N극에서 S극으로 향하는 자기장이 생기겠지? 이제 재생해야 하는 소리의 정보가 회로를 통해 보이스 코일로 흘러 들어간다고 하

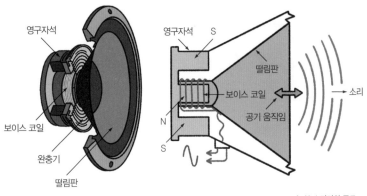

영구자석

영구자석   S

떨림판

보이스 코일

소리

보이스 코일

N

공기 움직임

완충기

S

떨림판

4-11 스피커의 구조

자. 스피커가 재생해야 하는 소리의 주파수나 음량에 따라 코일을 통해 흐르는 전류의 양이 수시로 달라질 거야.

그런데 전류가 흐르는 이 코일은 N극과 S극 사이에 위치해 있기 때문에 로렌츠 힘을 받아서 움직이겠지. 그림을 자세히 보면 코일이 자기장 속에서 힘을 받아 움직이는 방향이 좌우라는 것을 확인할 수 있을 거야. 그리고 이 코일은 떨림판과 연결되어 있지. 그래서 소리 신호를 담은 전류가 로렌츠 힘을 받아 떨림판을 흔들면서 소리가 들리는 거야. 떨림판이 주변 공기를 흔들면 그 소리(음파)가 우리 귀의 고막에 와서 닿으니까. 그리고 같은 소리 신호라도 도선에 흐르는 전류값을 키워서 커진 로렌츠 힘이 떨림판을 더욱 심하게 흔들면 재생되는 소리도 커지는 거고.

어때? 자기 현상과 자석, 자기장과 자기력을 이용하는 장치가 생각보다 우리 주변에 흔하다는 것을 알 수 있지? 위에 든 예 말고도 7장에서 언급할 데이터를 저장할 때 사용하는 자기기록장치, 병원에서 신체의 내부를 정밀 진단할 때 사용하는 자기공명영상(MRI), 무선 충전기 등도 자기 현상을 응용하는 대표적인 예야.

이제 전자기를 전체적으로 이해하기 위해 필요한 마지막 단계가 남았네. 바로 전자기 유도 현상이야. 이 고비만 넘으면 전자기가 뭔지 확실히 알 수 있을 거야. 자, 마지막 고비를 넘으러 가 보자.

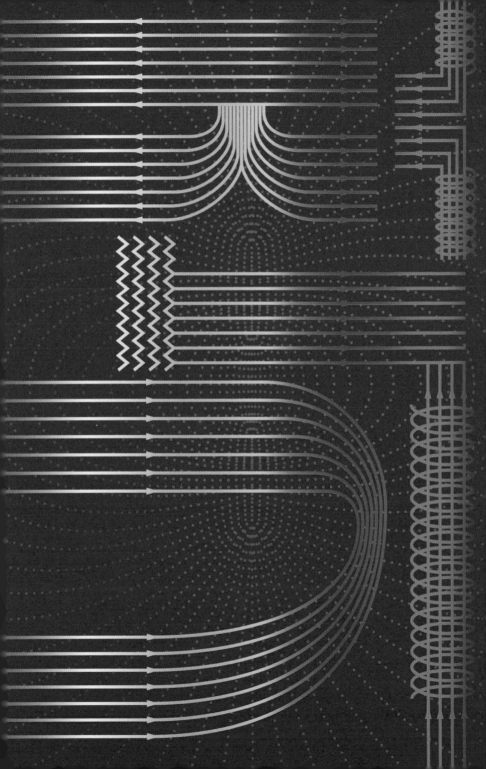

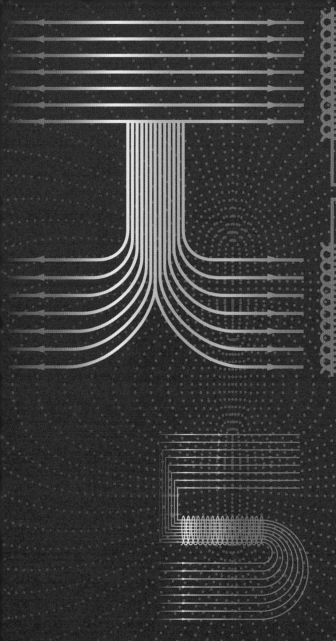

전자기 유도

전자기에 대해 지금까지 해 온 얘기를 정리해 볼까? 전기 현상을 다룬 1장과 2장에서는 전하의 존재와 전하끼리 주고받는 전기력에 대해 얘기를 했지. 그리고 자기 현상을 다룬 3장과 4장에서는 자석 사이에 작용하는 자기력과 함께 전류가 주변에 자기장을 만든다는 사실을 얘기했어. 즉, 전류라는 전기 현상은 자기 현상이 나타나는 핵심 원인이라는 게 밝혀지면서 별개의 현상으로 생각해 왔던 전기와 자기 사이에 연결점이 생긴 거야. 반대로 자기장은 움직이는 전하나 흐르는 전류에 힘도 미칠 수 있었어. 바로 로렌츠 힘이었지. 전류는 자기를 만들고 자기는 전류나 움직이는 전하에 힘을 미쳐. 그런데 이 둘 사이에는 이것 말고도 더욱 놀라운 비밀이 숨어 있단다. 이번 장에서는 그 비밀을 파헤쳐 보자.

전기, 즉 전류가 자기를 유도할 수 있다면 반대로 자기도 전류를 유도해 낼 수는 없을까? 자기가 전기를 만들 수 있냐는 거지. 자기장 속에 '이미 존재해' 흐르는 전류는 로렌츠 힘을 받잖아. 그런데 과연 자기장이 '존재하지 않던' 전류를 새로 만들 수 있을까? 전류가 자기장을 형성한다는 게 알려진 후 많은 과학자가 자기 현상을 통해 전기를 만들기 위한 다양한 시도를 했어. 예를 들어 자석 주위에 도선을 놓아 보거나, 자석에 직접 도선을 감으면 도선에 전류가 흐르는지 확인하는 등 여러 시도를 해 본 거지. 그렇지만 누구도 자기가 전기를 만든다는 징후를 발견하지 못하고 손을 들었어. 이것은 자기에서 전기(전류)가 만들어지는 방법이 매우 특이했고 이를 확인하는 것이 까다로웠기 때문이야.

자기장을 이용해 전류를 만드는 데 처음으로 성공한 사람은 1장에서도 잠깐 언급한 패러데이였어. 그는 10여 년 동안 각고의 노력 끝에 1831년, 마침내 자기 현상에서 전기가 발생하는 걸 목격해. 패러데이의 연구 일지를 살펴보면 그 장면을 확인한 날, "자기에서 전기를 만들었다"라는 글귀가 적혀 있었다고 하지. 패러데이는 어떻게 실험에 성공했을까?

그림 5-1을 보면 도선을 감아서 만든 코일이 두 개 있지? 먼저 전지(배터리)에 연결된 코일을 1차 코일이라 부르고, 전류가 생성됐는지 여부를 확인하는 장치인 검류기에 연결된 코일을 2차 코일이라 불렀어. 1차 코일에 연결된 배터리는 코일에 전류가 흐르게 할 수 있었지. 그리고 검류기와 2차 코일도 연결해서 2차 코일에 전류가 흐를 때 검류계의 바늘이 움직이게 해 뒀어. 이 실험을 통해 패러데이는 자기 현상으로부터 전기 현상을 성공적으로 유도할 수 있었지. *

자, 이제 이런 실험 장치에서 자기가 어떻게 전기를 만들어 내는지 확인해 보도록 하자. 코일에 전류를 흐르게 하면 뭐가 된다고 했지? 맞아, 전자석이야. 1차 코일에 전지를 연결해 전류가 흐르면 1차 코일은 그때부터 전자석이 돼. 따라서 코일 내부와 외부에는 영구자석이 만드는 것과 비슷한 자기장이 생겨. 그런데 패러데이는 스위치를 켜고 1차 코일에 전류를 흘려 보내 자기장이 생기는 순간, 2차 코일에도 순간적으로 전류가 흘러 검류계의 바늘이 잠깐이나마 움직이는 걸 발견해. 당시 이 같은 현상을 확인한 사람들이 또 있었겠지만

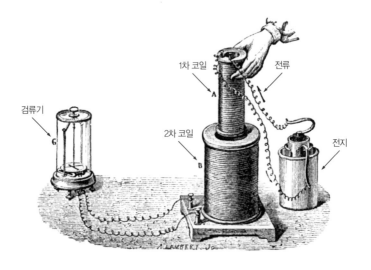

5-1 자기가 전기를 만들 수 있음을 증명한 패러데이의 실험 (출처: 위키피디아)

패러데이와 달리 아마 신경도 쓰지 않았을 거야. 어쩌면 단순한 실험 오류라 생각했을지도 모르지. 그렇지만 패러데이는 그것을 그냥 지나치지 않고 뭔가 알려지지 않은 원리가 숨어 있을지도 모른다고 생각했어.

1차 코일에 전류가 흘러서 자기장이 형성된 후 안정되면 2차 코일에는 더 이상 전류가 흐르지 않고 별다른 반응이 확인되지 않아. 그런데 1차 코일에 흐르던 전류를 끊으면 자기장도 사라지겠지? 문제는 바로 그 순간에 다시 2차 코일에 짧게나마 전류가 흐르고 검류기가 움직이는 것을 확인할 수 있었다는 거야. 1차 코일에 전류가 흐르기 시작하거나 전류가 끊기는 과정은 1차 코일에 의해 자기장이 생기거나 사라지는 변화의 과정이지. 즉, 2차 코일은 1차 코일의 자기장에 반응한 게 아니라 **자기장의 변화**에 반응했던 거야.

그런데 패러데이는 1차 코일에 전류를 흘리거나 차단할 때 외에도 1차 코일에 계속 전류를 흘리고 1차 코일을 2차 코일 속에서 움직이게 하면 전류가 흐른다는 사실을 확인했어. 그리고 그림 5-2처럼 1차 코일 대신 자석을 넣었다 뺄 때도 2

~~~● 미국의 물리학자 조지프 헨리(Joseph Henry, 1797-1878)가 전자기 유도 현상을 먼저 발견했지만 이를 논문으로 제때 발표하지 못해 발견의 우선권이 패러데이에게로 넘어가게 돼. 그만큼 과학에서는 논문을 통한 공식적인 발표와 기록이 중요해.

차 코일에 순간적으로 전류가 흐르지만 자석이 가만히 정지해 있으면 전류가 사라지는 현상도 확인했지.

이상의 결과들을 다시 한 번 정리해 보자. 자기장 속에 도선을 갖다 놓는다고 자동으로 전류가 생기지는 않아. 중요한 건 자기장의 변화지. 2차 코일을 이루는 도선 고리를 통과하는 자기장에 변화가 생기면 도선에 전류가 흐르고, 자기장의 변화가 멈추면 전류는 다시 사라져 버려. 오직 자기장이 변화하는 동안에만 전류가 흐른다는 거지. 이처럼 자기장의 세기를 변화시켰을 때 이를 느끼는 도선 고리에 전류가 흐르는 현

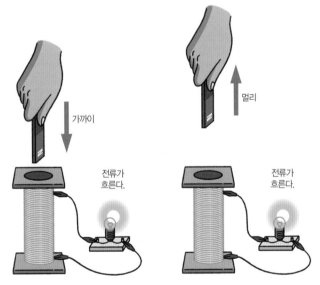

5-2 자기장의 변화에 따라 반응하는 전기 현상

상을 **전자기 유도** 현상이라고 불러. 그리고 이 효과에 의해 발생한 전류를 **유도 전류**라고 하지.

그런데 자기장의 변화에 의해 전류가 흐른다는 것은 어떤 의미일까? 2장에서 전류가 흐르기 위해서는 전하펌프가 있어야 한다고 했던 것 기억하니? 전하펌프는 전하의 전위, 즉 전기적 위치 에너지를 증가시켜 주는 소자라고 얘기했었지. 가장 대표적인 예로 우리가 흔히 사용하는 전지를 들 수 있어. 2차 코일의 도선 고리를 통과해 지나가는 자기장의 변화는 결국 도선 고리에 눈에 보이지 않는 전지가 생겨 전류를 흐르게 하는 효과와 같아. 2차 코일에 실제 전지가 연결되어 있지 않아도 코일을 지나는 자기장을 변화시켜서 전압을 발생시키는 효과를 얻는다는 거지. 전자기 유도에 의해 만들어지는 이 가상의 전지의 전압을 **유도 기전력**이라고 불러.

훗날 역사의 한 축에 남을 발견을 확인한 패러데이가 얼마나 기뻐했을지 상상이 되지 않니? 이 전자기 유도 현상이 인류의 삶을 얼마나 크게 바꾸어 왔는지는 뒤에서 곧 살펴보도록 하자.

전자기 유도를 일으키는 다양한 방법

그런데 전자기 유도 현상은 왜 생기는 걸까? 직접 연결하는 것도 아니고 도선 고리에 자석을 가까이 대거나 멀어지게 하는 것만으로도 도선에 전압이 걸리는 효과가 발생해서 전류가 흐른다니 정말 신기하지 않니? 자기장이 변화할 때 그 속에 놓인 도선 속 전하가 움직여 전류를 형성하는 걸 이해하기 위해 4장에서 살펴봤던 자기력을 떠올려 보자. 버스를 타고 이동할 때 버스를 탄 내가 움직이는 게 아니라 주변 풍경이 뒤로 움직이는 것처럼 느껴질 때가 있지 않니? 마찬가지로 내가 자석이라고 생각해 보면 실제로 움직이는 것은 자석인 나지만, 관점을 달리하면 나는 가만히 있는데 도선 고리가 나에게 가까워졌다가 멀어지는 행동을 반복한다고 생각할 수 있지. 그런데 금속으로 만든 도선 속에는 자유전자가 잔뜩 들어 있다고 했잖아. 이 자유전자들은 내(자석)가 만든 자기장 속에서 움직이는 거고. 자기장 속에서 전하가 움직이면 자기력(로렌츠 힘)을 느끼는 게 당연할 거야. 이 자기력에 의해 전하가 이동하면 결국 전하의 움직임이 생기는 거니까 전류가 흐르는 거지. 이처럼 전자기 유도 현상은 자기력을 바탕으로 이해할 수 있어. *

지금부터는 전자기 유도 현상을 일으키는 다양한 방법을 생각해 보자. 전자기 유도를 통해 2차 코일에 형성되는 유도 전류를 어떻게 하면 강하게 만들 수 있을까? 유도 전류를 만드는 것은 2차 코일이 느끼는 자기장의 변화라고 했지? 유도 전류를 강하게 만들려면 자기장의 변화가 심하게 나타나도록 만들면 되겠지. 가령 2차 코일 속에 자석을 넣고 빼는 속도를 키울수록 자기장이 훨씬 빠르게 자주 변하니 전류가 더 세게 유도되겠지. 또 전자석의 세기를 강하게 하기 위해 코일을 더 많이 감는 것처럼 2차 코일에 감기는 고리의 수를 늘려도 돼. 고리가 늘어나면 늘어날수록 각 고리에 모두 유도 기전력이 유도될 테니 전류가 더 많이 흐르겠지.

그런데 크기가 고정되어 있는 도선 고리 속을 통과해 지나가는 자기장의 세기를 변화시키는 방법 외에도 전자기 유도를 일으킬 수 있는 방법들이 있어. 그림 5-3을 같이 볼까? 우선 두 개의 자석을 고정시켜서 균일한 자기장이 형성된 공간을 만들어 보자. 그림에서는 왼쪽에서 오른쪽으로 자기장이 형성되어 있어.

〰● 자기력을 바탕으로 전자기 유도 현상의 한 측면을 이해할 수 있지만 이게 전체를 다 설명하는 건 아니야. 그림 5-1과 같이 두 코일이 상대적으로 움직이지 않아도 전자기 유도는 발생하니까. 결국 중요한 건 자기장의 변화가 유도 전류를 만든다는 거지. 이게 핵심이야.

자기장이 형성된 공간에 자기장과 수직으로 서 있다가 평행하게 눕는 고리의 모습

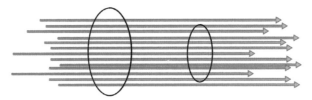

자기장이 형성된 공간에 자기장과 수직으로 서 있던 고리의 크기가 변하는 모습

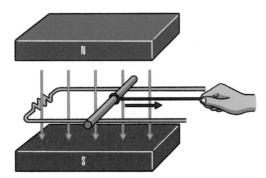

자석의 N극에서 다른 자석의 S극으로 형성된 자기장 속 도선 고리의 면적에 변화를 주는 모습

5-3 도선 고리를 통과해 지나는 자기장 세기에 변화를 주는 다양한 방법

첫 번째 그림처럼 균일한 자기장 속에다 자기장과 수직인
방향으로 고리를 하나 갖다 놓으면 고리를 통과해 지나가는

자기장의 세기가 일정하니까 이때는 고리에 어떤 반응도 일어나지 않겠지. 그런데 수직으로 놓은 고리를 오른쪽으로 90도 회전시켜 뉘이면 어떤 일이 벌어질까? 자기장은 그대로지만 고리를 회전시키면 고리를 통과해 지나가는 자기장의 양이 변할 거야. 자기장이 통과하는 고리의 면적이 계속 바뀌는 거니까. 고리가 자기장의 방향에 수직으로 놓이면 고리를 통과하는 자기장의 양이 최대가 되지만 고리가 자기장의 방향과 나란히 누워 버리면 고리를 통과해 지나가는 자기장은 전혀 없을 거야. 이처럼 고리를 통과해 지나가는 자기장의 양에 변화가 있으니까 이것도 도선 고리에 전자기 유도를 일으키는 자기장의 변화에 해당하지. 따라서 고리가 자기장 속에서 회전하면 고리에 주기적으로 전류가 흐르게 돼. 이 방법은 나중에 소개할 발전기의 기본 원리니까 잘 기억해 두렴.

전자기 유도를 일으키는 또 다른 방법은 두 번째 그림처럼 자기장이 통과하는 고리의 면적에 변화를 주는 거야. 이때 자기장의 세기는 변하지 않지만 고리를 통과해 지나가는 자기장의 양이 변하니 역시 고리에 전압이 발생하고 전류가 흐르지. 어떻게 고리의 면적을 변화시키냐고? 그 자체로는 쉽지 않겠지. 그렇지만 가령 세 번째 그림처럼 자기장이 지나가는 공간에 디귿자 형태의 고리를 준비하고서 그 위에 막대

기형 도선을 하나 놓은 뒤 일정한 속도로 움직이면 어떻게 되겠니? 디근자 도선과 막대기형 도선이 만드는 사각형 고리의 면적이 변하겠지? 그럼 당연히 그 사각형을 통과해 지나가는 자기장의 양도 증가하면서 전자기 유도가 발생하고 사각형 도선을 따라 전류가 흐르게 돼.

이제 모든 게 명확해졌니? 그런데 아직 한 가지가 남았어. 고리를 통과하는 자기장이 시시각각 변하면 고리에 유도 전류가 흐른다고만 얘기했지 그 전류가 어느 방향으로 흐르는지는 말하지 않았거든. 2차 코일에 유도 전류가 흐르는 방향에도 두 가지 가능성(두 가지 회전 방향)이 있지. 재미있게도 자연은 외부에서 고리를 통과해 지나가는 자기장 세기가 변하는 것을 싫어하는 것처럼 행동해. 즉, 2차 코일에 유도 전류가 흐르는 방향은 자신이 만드는 자기장이 외부 자기장의 변화를 방해하는 방향으로 흐른다. 말로만 들으니 이게 무슨 소리인지 감이 잘 안 오지? 어떤 뜻인지는 그림 5-4를 가지고 설명해 볼게.

그림처럼 솔레노이드형 고리에 자석의 N극을 가까이 가져가는 상황을 고려해 보자. 원래 도선 고리는 전류가 흐르지 않으면 스스로 자기장을 만들지 못하지. 그런데 외부에서 자석이 다가오면 고리를 통과해 지나가는 자기장이 점점 세지겠지? 그럼 고리에는 자기장의 변화에 따른 유도 전류가 생기고 스스로 전자석이 되는 거야. 이때 코일을 따라 흐르는 전류는 왼쪽 혹은 오른쪽으로 흐를 수 있는데 코일의 자기장은 외부에서 들어오는 자기장이 강해지는 걸 방해하는 쪽으로 흘러. 따라서 자석의 N극이 다가오면 N극으로 맞설 수 있도록 전류가 흘러야겠지?

정리하면, 코일 입장에서는 자석이 너무 가까이 다가오지 않게 막고, 멀어지면 또 너무 멀리 떨어지지 않게 잡아당긴다고 생각하면 돼. 4장에서 우리는 코일 형태로 된 전자석에 흐르는 전류의 방향에 따라 전자석에 생기는 극성과 자기장의 방향이 어떻게 결정되는지 알아봤어. 그림 5-4의 첫 번째 그

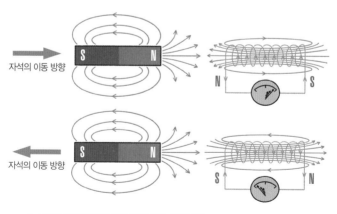

자석의 이동 방향

자석의 이동 방향

5-4 자석의 이동 방향에 따라 솔레노이드에 흐르는 전류의 변화

림처럼 유도 전류가 흐르면 오른손의 네 손가락을 전류가 흐르는 방향으로 감았을 때 엄지가 가리키는 방향이 전자석의 N극이야. 즉, 그림과 같은 방향으로 흘러야 가까이 오는 자석의 N극에 맞서는 N극이 형성되지. S극이 다가온다면 유도 전류가 반대로 흐르면서 S극에 맞서는 S극이 생기는 거고.

만약 그림 5-4의 두 번째 그림처럼 자석의 N극이 코일에서 멀어질 때는 유도 전류의 방향이 어떻게 될까? 자석의 N극이 코일로부터 멀어져 가면 코일의 단면을 통과하는 자기장이 점점 줄어드니까 이런 변화를 방해하려는 방향으로 유도 전류가 생기지. 자석의 N극이 빠져나가는 걸 방해하기 위해서는 그림처럼 유도 전류에 의한 전자석의 자극이 S극이 되는 방향으로 전류가 흘러야 하지. N극을 붙잡아 두어야 하니까. 그래서 자석의 N극이 솔레노이드에 가까워질 때와 멀어질 때 흐르는 유도 전류의 방향이 반대가 되는 거야. 자석을 주기적으로 넣었다가 빼기를 반복한다면 유도 전류 역시 방향이 계속 바뀌며 생기겠지. 2장에서 얘기했던 교류 전류가 만들어지는 거야.

유도 전류의 방향이 자기장의 변화를 방해하는 방향으로 생긴다는 것을 처음으로 발견한 사람은 러시아 과학자 하인리히 렌츠(Heinrich Friedrich Emil Lenz, 1804~1865)였어. 그래서 이 법칙을 **렌츠의 법칙**이라고 부르지. 늘 부모님 말씀에 반대로만 행동하는 옛날 이야기 속 청개구리를 떠올려 봐. 변화에 대해 항상 반대로만 작용하는 자기장의 속성을 정리한 렌츠의 법칙을 청개구리 법칙이라고 비유해서 기억해도 좋을 것 같네.

전자기 유도 이용하기

　전기에서 자기가 만들어지고 자기를 통해 전기를 만들 수 있는 원리들이 밝혀지면서 인류가 새로운 기술 도약을 할 수 있는 기반들이 만들어져. 전자기 유도 현상이 없었다면, 아니 이 현상을 인류가 이용하지 않았다면 오늘날 우리 생활은 조선시대나 중세의 생활과 크게 다르지 않을 거야. 무엇보다 전자기 유도 현상 덕분에 우린 전기를 생산하는 발전을 할 수 있게 되었거든. 발전기로 전기를 만드는 원리의 핵심에는 전자기 유도 현상이 있어. 지금부터는 우리 생활에서 전자기 유도 현상이 사용되는 중요한 예를 몇 가지 살펴보자.

　우선 발전기의 원리를 볼게. 발전기의 구조는 그림 4-10에서 봤던 전동기(모터)의 구조와 거의 똑같아. 그림 5-5를 같이 보도록 하자. 두 개의 자석 사이에 자기장이 형성되어 있

고 그 가운데에 회전할 수 있는 사각형 도선 고리가 자리 잡

고 있어. 외부의 힘을 이용해 이 도선을 돌리면 그림 5-3에

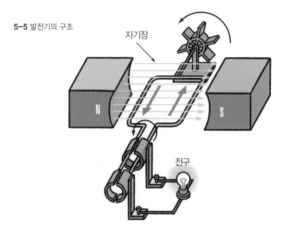

5-5 발전기의 구조

자기장

N

S

전구

풍력 발전

수력 발전

원자력 발전

5-6 우리에게 공급해 줄 전류를 생산하는 각양 각색의 발전소들 (출처: 위키피디아 및 한국수력원자력)

서 설명한 것처럼 사각형 고리를 통과하는 자기장이 시간에 따라 계속 변하지. 자기장의 변화는 도선 고리에 전자기 유도에 따른 유도 전류를 만들어. 그런데 도선 고리가 회전하면 통과하는 자기장이 늘어났다가 줄어들기를 반복하기 때문에 도선에 흐르는 유도 전류의 방향도 주기적으로 바뀌게 되어 있어. 즉 직류 대신에 교류 전기가 얻어지지. 물론 전기 모터에서처럼 정류자를 달아 주면 한쪽으로만 전류가 흐르는 직류 전기를 얻을 수도 있어.

전기 모터와 발전기의 차이가 눈에 들어오니? 모터에서는 전류를 흘리면 로렌츠 힘에 의해 도선 고리가 회전을 했지. 즉, 전기 에너지를 역학적 (회전) 에너지로 바꾸는 게 모터였어. 발전기는 전기 모터와 반대로, 외부의 에너지를 이용해서 도선을 돌리면 전자기 유도 현상에 의해 전류를 얻는 거지. 즉, 역학적 에너지를 전기 에너지로 변환하는 게 발전기야. 물론 외부의 어떤 에너지를 이용해 도선을 돌리느냐에 따라 발전 방식은 달라질 거야.

가령 수력 발전소는 물의 낙차를 이용해 발전기를 돌리는데, 이때 물의 위치 에너지가 도선의 회전 에너지로, 그리고 전기 에너지로 변환되지. 화력 발전소나 원자력 발전소는 연료를 이용해 물을 끓여 만들어진 증기로 발전기의 터빈을 돌려 전기를 생산하지. 사진 5-6을 보면 다양한 발전소의 모습을 볼 수 있어.

전자기 유도라고 하면 빼놓을 수 없는 장치가 있어. 바로 변압기야. 전압을 바꾸는 장치라는 뜻이지. 변압기는 발전소에서 생산돼서 송전된 고압의 전류를 각 가정에 맞게 전압을 낮춰 공급하는 장치야. 가령 일본에서 전자제품을 하나 구입해 왔다고 하자. 그런데 일본의 가정용 전압은 100볼트이고 우리나라의 가정용 전압은 220볼트이기 때문에, 100볼트를 사용한다는 것을 전제로 만들어진 일본 전자제품을 우리나라 콘센트에 그대로 꽂으면 전자제품에 220볼트가 가해져 제품이 망가질 거야. 때문에 일본에서 만들어진 전자제품을 우리나라에서 사용하려면 220V의 전압을 절반 정도로 낮추는 변압기*를 사용해야 해. 또 가끔 여름철에 에어컨 사용이 폭증해서 변압기에 과부하가 걸려 폭발해서 아파트 단지 전체가 정전됐다는 뉴스가 나와.

그림 5-7의 왼쪽에는 이러한 변압기의 기본 구조가 나와 있어. 사각형 형상으로 되어 있는 건 자기 코어(Core)라 불리

〰● 변압기는 영어로 Electric Transformer라고 하는데 연세가 지긋하신 분들은 어렸을 때 쓰시던 일본어 습관이 남아 있어서 '도란스'라고 부르시니까 정확한 명칭을 알려 드려도 좋을 것 같아.

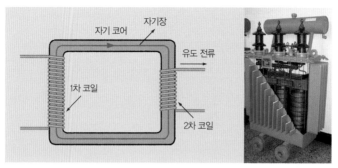

자기 코어　　자기장

유도 전류

1차 코일

2차 코일

5-7 변압기의 기본 구조와 실제 모습　　　　　　　　　(출처: 위키피디아)

는 자성 물질로 자기장이 통과하는 길이라고 생각하면 돼. 이
코어의 양변에 1차 코일과 2차 코일이 감겨 있지. 1차 코일에
는 전류를 공급하는 전원 장치가 달려 있고, 2차 코일에는 아
무것도 연결되어 있지 않아. 이때 1차 코일을 통해 교류 전류
를 흘린다고 해 보자. 코일에 전류가 흐르니까 당연히 자기장
이 발생하겠지? 그렇게 생성된 자기장은 코어를 통해서 2차
코일 쪽으로 전달될 거야. 그런데 1차 코일의 전류가 교류기
때문에 방향이 주기적으로 바뀌고 이에 따라 자기장의 방향
도 계속 바뀌지. 그럼 2차 코일 내부를 지나가는 자기장도 끊
임없이 변화하는 거야. 이 자기장의 변화에 의해 전자기 유도
현상이 발생하고 2차 코일에 유도 전류가 흐를 거야.

　그런데 1차 코일에 걸리는 전압과 2차 코일에 걸리는 전압은 자기 코어에 감는 각 코일의 수에 비례한다고 해. 따라서 가령 1차 코일이 100번 감겨 있고 2차 코일이 50번 감겨 있으면 1차 코일에 220V의 전압이 걸릴 때 2차 코일에는 110V의 유도 기전력이 발생하는 거지. 전압을 올리고 싶으면 어떻게 하면 될까? 그래, 2차 코일의 수를 1차 코일에 비해 더 늘리면 돼.

지금까지 전자기 유도 현상이 적용되는 대표적인 예로 발전기와 변압기에 대해 살펴봤어. 이들은 전기에 기반한 현대 문명의 기반이자 필수품이지만 우리 생활에서 쉽게 볼 수 있는 장치들은 아니지. 우리 주변에서 전자기 유도 현상을 활용한 예로 어떤 것들이 있을까? 몇 가지 예만 들어 볼게. 무선 충전, 인덕션 히터, 교통카드, 금속 탐지기, 자기 부상… 이들의 공통점이 뭔지 감이 오니? 모두 비접촉 방식으로 작동한다는 거지. 물론 충전기에 휴대전화를 올려놓는 것처럼 물리적 접촉은 필요할 수 있지만, 충전하기 위해 평소처럼 전기 코드를 직접 꽂아서 전기를 연결하지는 않아도 된다는 말이야. 게다가 많은 경우에는 변압기에서 확인했던 1차 코일과 2차 코일의 구조를 가지고 있어. 이중 최근 급격히 대중화된 무선 충전과 교통카드의 작동 원리를 설명해 볼게.

무선 충전은 요즘 휴대폰을 포함한 소형 휴대 기기에서 많

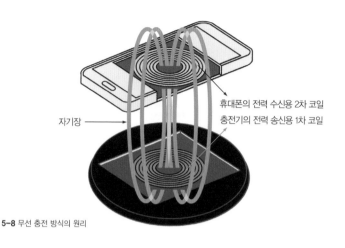

자기장

휴대폰의 전력 수신용 2차 코일
충전기의 전력 송신용 1차 코일

5-8 무선 충전 방식의 원리

이 쓰이고, 다양한 분야로 활용 범위가 넓어졌어. 휴대폰용 무선 충전기에는 그림 5-8처럼 전력 송신용 1차 코일이 들어 있어. 그리고 휴대폰에는 전력 수신용 2차 코일이 들어 있고. 충전기의 1차 코일에 전원이 연결되어 교류 전류가 흐르면 이 코일은 당연히 자기장을 만들어 내겠지? 교류 전류니까 자기장의 방향이 주기적으로 계속 바뀔 거고.* 이렇게 시간에 따라 끊임없이 변하는 자기장이 휴대폰에 설치된 2차 코일을 지나면 전자기 유도 현상에 따라 이 코일에 유도 전류

〰● 현재 무선 충전에 사용되는 교류 전원의 주파수는 수백 킬로헤르츠라고 알려져 있어. 즉 교류 전류의 극성이 1초에 수십만 번 바뀌고 자기장도 동일한 주파수로 방향이 변해.

가 생길 거야. 이 유도 전류를 이용해 휴대폰 전지를 충전하는 거지. 인덕션 히터도 기본적인 구조는 똑같아. 단, 인덕션 히터의 경우 아래 1차 코일에서 교류 전원을 이용해 자기장을 만드는 건 무선 충전 방식과 동일하지만 자기장에 의해 유도 전류가 흐르는 대상이 발열 기능을 담당하는 용기(그릇)이지. 이때 용기는 유도 전류가 흐를 수 있는 전도성 금속으로 되어 있어야 하고.

교통카드와 카드 단말기 사이의 통신도 전자기 유도 현상에 기반하고 있어. 그림 5-9는 교통카드를 단말기에 갖다 댔을 때의 결제 과정을 보여 주고 있어. 카드 단말기는 내부의 코일을 이용해 변화하는 자기장을 만들어. 그럼 교통카드 속에 내장된 2차 코일에 유도 전류가 생기고, 이 전류가 카드 내 반도체 칩을 작동시켜 정보 처리를 하면서 단말기와의 통신도 가능하게 만든단다. 교통카드뿐 아니라 지뢰 탐지기나 금속 탐지기도 교류 전류를 이용해 자기장을 만들고 그 속에 있는 금속이나 지뢰에 유도되는 전류를 탐지하는 원리로 작동을 해. 마이크, 전자기타 등 전자기 유도 현상을 이용한 장치는 우리 주변에서 정말 다양한 모습으로 존재해.

어때, 전기와 자기의 관계는 파헤칠수록 더 신기하지 않니? 전기가 자기를 만들고 자기는 다시 전기를 만들 수 있다니 말

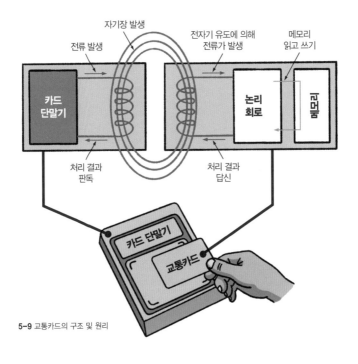

자기장 발생

전류 발생

전자기 유도에 의해
전류가 발생

메모리
읽고 쓰기

카드
단말기

논리
회로

메모리

처리 결과
판독

처리 결과
답신

카드 단말기

교통카드

5-9 교통카드의 구조 및 원리

이야. 그런데 우리 여행의 종착점에서 이 자기와 전기 사이의
관계가 완성이 될 예정이야. 전기와 자기의 완벽한 결합을 통
해 '전자기 파동', 즉 전자기파가 완성되거든. 전자기파가 바
로 전자기 세계를 탐험하는 우리 여행의 끝이야. 그 끝을 향
해 이제 마지막 도착지로 떠나 보자.

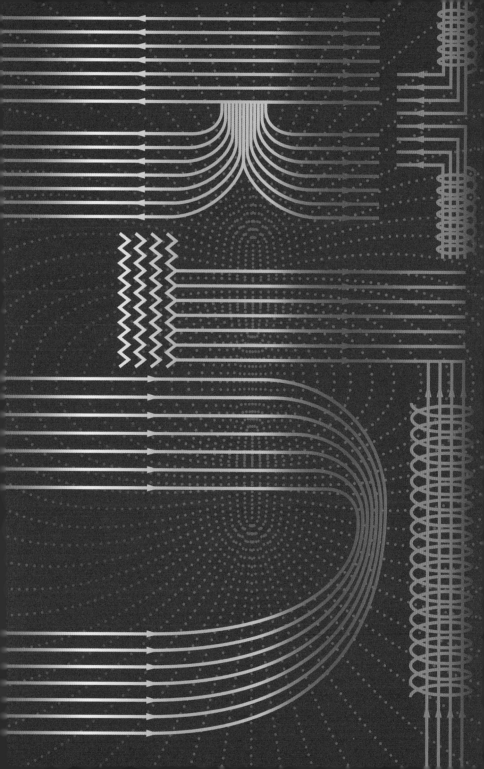

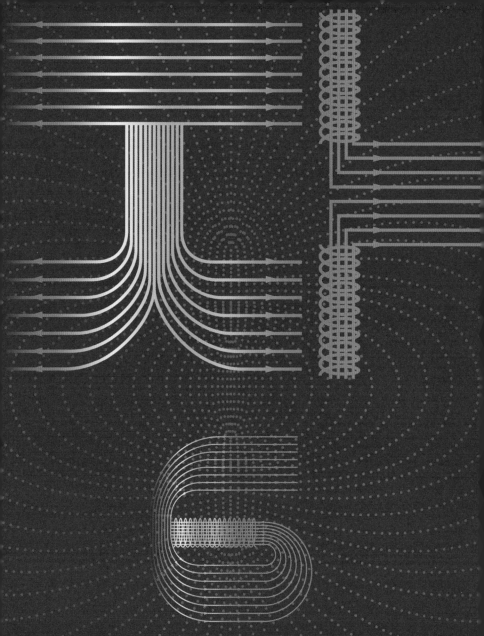

전자기파 세계 들여다보기

변화하는 자기장과 전기장

쉬면서 기억을 더듬어 보자. 처음 여행지였던 전기 현상에서는 전하와 전하 사이의 힘, 전기력을 살펴봤지. 전기력이 전기장을 매개로 전달된다는 것도 기억날 거야. 두 번째 여행지는 자기 현상이란 곳으로 자석과 자기력을 알아봤어. 그곳에서는 전하의 흐름인 전류가 주변에 자기장을 만들었지. 자기 현상의 근원에 전류가 있었거든. 자기로부터 전기가 생성되는 원리도 파악해서 시간에 따라 자기장이 변하면 전자기 유도 현상에 의해 주변 도선 고리에는 유도 전류가 흐른다는 것을 알았어. 별개라고 생각한 전기와 자기 사이의 관계가 밀접해지는 걸 확인한 과정이었지. 6장에서 본격적으로 둘 사이의 관계를 완벽히 이해해 보자.

패러데이가 발견한 전자기 유도 현상을 다시 한 번 살펴볼게. 도선 고리 속에다 자석을 넣었다 빼는 동작을 반복하면 고리를 통과하는 자기장이 커졌다 작아졌다 하면서 계속 변하니 고리를 따라 유도 전류가 발생했어. 변화하는 자기장이 흡사 가상의 전지와 같은 효과를 만들어 내면서 전압(유도 기전력)을 발생시켜서 금속으로 이루어진 도선 속의 자유전자들을 움직인 거지. 그런데 전압이 발생했다는 건 전하를 움직이는 전기장이 생겼다는 의미인데, 변화하는 자기장 속에 도선이 없을 때는 어떻게 될까? 그 공간에 도선 대신 전자가 하나 있다면 그 전자도 전기장을 느끼고 힘을 받아 움직일까?

잘 생각해 보면 도선 속 전자와 자유 공간 속 전자가 다르게 행동할 이유가 전혀 없지. 변화하는 자기장이 만드는 전압이나 전기장의 효과는 도선의 존재 여부와는 무관하게 생긴다고 봐야 해. 그런 상황을 그림 6-1의 왼쪽 그림으로 표현해 봤어. 어떤 공간에서 시간에 따라 자기장이 변하면, 즉, 자기장이 증가하거나 감소하면 자기장 주변에는 회전하는 형태의 전기장이 생겨. 그곳에 원형 도선이 있다면 도선 속 전자들이 움직이며 유도 전류가 생기겠지.

여기에서 중요한 질문을 하나 던질 수 있어. 시간에 따라 변하는 자기장은 전자기 유도를 통해 전기장을 만든다고 했어. 그럼 혹시 반대로 시간에 따라 변하는 전기장도 자기장을 만들 수 있지 않을까? 이게 맞다면 그림 6-1의 오른쪽 그림과 같은 상황이 생기겠지. 전기와 자기의 밀접한 관계를 생각해 보면 이런 질문은 자연스럽게 나올 거야. 앞에서 우리는 전류가 흐르면 주변에 자기장이 생긴다는 것을 배웠어. 만약 시간에 따라 변하는 전기장이 자기장을 만든다면 자기장을 만드는 방법이 하나 더 생기는 거지. 과연 이걸 어떤 식으

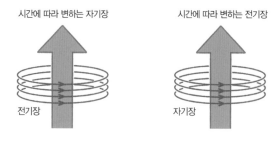

시간에 따라 변하는 자기장

시간에 따라 변하는 전기장

전기장

자기장

6-1 시간에 따라 변하는 자기장이 전기장을 만들고, 시간에 따라 변하는 전기장은 자기장을 만들지.

로 확인할 수 있을까? 이것도 무슨 검류기 같은 것으로 확인할 수 있을까?

그림 6-2가 도움이 될 거야. 그림을 보면 전류가 흐르는 도선이 있는데 도선 가운데를 끊고 도선 양쪽에 금속판 두 개를 붙여 놓았어. 두 금속판 사이는 아무것도 없는 빈 공간이고. 이 상황에서 그림처럼 왼쪽 도선에 전류를 흘려 보내면 어떻게 될까? 전류는 전하의 흐름이고 전류의 방향은 양전하가 흘러가는 방향이라고 했지? 그래서 그림에서 전류가 흘러 들어가는 왼쪽 금속판에는 양전하가 계속 쌓일 거고 전류가 빠져나오는 오른쪽 금속판에는 음전하가 쌓이겠지.* 마주 보는 두 금속판에 서로 반대 극성의 전하가 쌓이는 거지. 그러면 그림 1-7에서 본 것처럼 양전하로 대전된 왼쪽 금속판에서 음전하로 대전된 오른쪽 금속판을 향하는 방향으로 전기장이

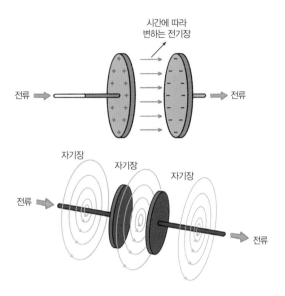

시간에 따라
변하는 전기장

전류 ➡

전류 ➡

자기장

자기장

자기장

전류 ➡

전류 ➡

6-2 떨어져 있는 금속판 사이에 시간에 따라 변하는 전기장이 형성되고 이는 주변에 자기장을 형성한다.

형성될 거야. 그런데 전류가 계속 흐르기 때문에 양쪽 금속판
에 쌓이는 전하의 양도 지속적으로 늘어나겠지? 이렇게 전하
의 양이 많아지면 많아질수록 두 판 사이에 형성되는 전기장
도 계속 세지겠지. 이런 방식으로 전기장이 시간에 따라 변하
는 상황을 구현할 수 있지.

〰️● 사실 도선을 통해 흘러가는 것은 음전하의 전자야. 그래서 그림 왼쪽 금속판에서 오른쪽
금속판으로 외부 회로를 통해 전자가 흘러가면서 왼쪽 금속판은 전자가 부족한 양의 전하로
대전될 거고 오른쪽 금속판에는 흘러 들어온 전자가 쌓이며 음전하로 대전되는 거야.

이제 전류가 흐르는 도선 부분을 보자. 그림 6-2의 아래 그림처럼 전류가 흐르는 도선 주변에는 당연히 자기장이 생기겠지? 직선으로 된 도선이니까 그림처럼 전류를 중심으로 원형 패턴으로 된 자기장이 생겨. 자, 이번에는 두 금속판 사이를 생각해 보자. 방금 말한 대로 전류가 흐르면 도선 주변에 자기장이 생기는데, 그림처럼 도선이 끊겨 금속판 사이에 흐르는 전류가 없다면? 기존의 지식에 따르면 자기장은 생기지 않아. 그런데, 이 대목에서 제임스 맥스웰(James Clerk Maxwell, 1831~1879)이라는 위대한 과학자가 등장해서 자신의 천재성을 발휘하지. 맥스웰은 '시간에 따라 자기장이 변하면서 전기장이 발생'하는 기존의 현상에 주목한 후 '전기장이 시간에 따라 변하면 자기장이 발생할 수 있지 않을까'라고 생각을 한 거지. 실제로 그림의 빈 공간에 나침반을 놓으면 나침반의 바늘이 움직이는 것을 볼 수 있어. 전류가 없어도 시간에 따라 변하는 전기장만 있으면 주변에 자기장이 생기는 거지. 즉, **시간에 따라 변하는 전기장도 자기장을 만드는 거야!** 이로써 맥스웰은 그림 6-1에 보이는 두 대칭적인 상황이 모두 옳다는 이론을 제시했어.

변화하는 자기장과 전기장이 만든 전자기 파동

맥스웰에 의해 전기와 자기의 관계가 명확히 밝혀졌고 전기와 자기가 통합됐어. 자신의 변화가 상대방의 존재를 유도하기 때문에 전기와 자기는 떼려야 뗄 수 없는 관계라 볼 수 있지. 정리하자면 전기와 자기의 관계는 그림 6-3의 왼쪽 그림처럼, 전기장의 변화는 자기장을 유도하고 이 자기장의 변화는 또 전기장의 변화를 유도하면서 서로 맞물려 돌아간다고 할 수 있어. 자, 그럼 이렇게 서로 맞물리는 게 대체 우리에게 어떤 이로움을 안겨 주길래 우리가 알아야 하는 걸까? 그걸 알기 위해 먼저 그림 6-3의 오른쪽 그림을 통해 개념을 설명하도록 할게.

먼저 교류 전류가 흐르는 도선이 있다고 하자. 전류가 흐르니까 주변에 자기장이 생기겠지? 교류 전류가 흐르면 전류의 방향은 주기적으로 바뀔 거고 자기장의 방향도 같은 주기로 변하게 될 거야. 시간에 따라 변하는 자기장이 생기는 거지. 이 자기장은 다시 주변에 원형의 전기장을 만들어. 자기장이

◦두 금속판 사이에 전류가 직접 흐르지는 않지만 전기장의 변화가 흡사 전류가 흐르는 듯한 효과를 내서 자기장을 만들어. 맥스웰은 이 효과를 '변위 전류'라 불렀어.

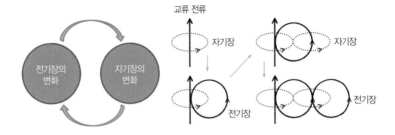

6-3 서로 주고받으며 발생하는 전기장과 자기장의 관계

수시로 변하니 전자기 유도에 의해 발생하는 전기장의 방향
도 수시로 바뀌겠지? 따라서 전기장과 자기장은 그림처럼 수
시로 변하면서 서로를 유도해 내고 공간으로 전파되어 나아
갈 거야. 이 과정은 놀이터에서 즐기는 시소와 비슷한 것 같
아. 시소가 제대로 움직이려면 시소 양쪽에 탄 두 친구가 서
로 교대로 잘 움직여야 하지. 한 사람이 제대로 땅을 굴러서 동
작을 만들면 그걸 이어받아 다른 사람이 땅을 굴러 움직임을 이어
나가지.

맥스웰은 본인이 정립한 전자기 이론으로부터 변화하는 전
기장과 자기장은 서로를 유도하면서 퍼져 나간다는 것을 확
인하고 이것이 **파동**의 일종이라는 걸 알게 돼. 파동이라고 하
면 무엇이 떠오르니? 줄의 한쪽 끝을 붙잡고 흔들면 생기는
줄의 파동, 바다에서 물의 출렁거림으로 생기는 수면파, 그리

고 우리가 음악을 들을 때 공기를 통해 전달되어 고막을 흔드는 소리의 파동(음파) 등이 우리 주변에서 볼 수 있는 대표적인 파동들이지.

이런 파동들은 모두 특정한 **매질**˙이 주기적으로 진동한다는 특징이 있어. 줄의 파동에서는 줄 자체가, 수면파에서는 물이, 그리고 음파에서는 공기가 주기적으로 진동하지. 이런 면에서 전기장과 자기장이 서로를 유도하면서 주기적으로 진동하고 나아가는 현상을 파동이라 부르는 건 자연스러워. 맥스웰은 이 파동을 전자기 파동, 혹은 줄여서 **전자기파**라고 불렀어. 또 전자기파의 속도를 계산한 그는 당시 알려져 있던 빛의 속도와 거의 동일하다는 것을 발견했지.˙˙ 그래서 맥스웰은 빛도 전자기파의 일종이라고 생각한 거야. 맥스웰은 전기와 자기를 통합해 전자기학을 완성했을 뿐만 아니라 전자기학과 빛을 연구하는 학문인 광학까지 통합을 한 거지. 왜 맥스웰이 위대한 과학자라고 불리는지 이제 이해가 되니?

〰● 파동 현상에서 매질이란 파동이 전달되는 물질을 의미해. 매질이 진동하면서 파동의 진동과 에너지가 이동하는 거야. 그런데 빛을 포함한 전자기파는 매질 없이 진행하는 파동이란다. 때문에 아무것도 없는 진공 상태인 우주에서도 전달될 수 있지.
〰●● 진공 중 빛의 속도는 초속 약 30만 킬로미터야. 1초에 30만 킬로미터를 내달리는 엄청난 속도지. 아인슈타인의 상대성이론에 의하면 빛의 속도보다 더 빠른 건 아무것도 없어. 우리 우주에 허용된 일종의 최고 속도이자 절대 상수라고 할 수 있지.

하지만 맥스웰은 자신의 이론적 예측이 실제 실험으로 증명되는 걸 보지 못하고 눈을 감아. 전자기파의 존재를 실험으로 증명한 것은 1887년, 맥스웰 사후 독일의 물리학자인 하인리히 헤르츠(Heinrich Rudolf Hertz, 1857~1894)에 의해서야.

헤르츠는 오늘날 라디오파라 부르는 전자기파를 발생시킨 후에 이 파동을 검출하는 데 성공했고, 이의 다양한 특성을 측정함으로써 전자기파가 존재한다는 뚜렷한 실험적 증거를 확보했지. 헤르츠란 이름을 들으니 떠오르는 단어가 있지? 주파수(진동수)의 단위인 Hz가 발음이 같지. 과학자 헤르츠가 거둔 위대한 업적을 기려서 주파수의 단위로 그의 이름을 사용한 거야. 전기력의 형태를 발견한 쿨롱의 이름을 따서 전하의 양을 측정하는 단위로 쿨롱을 쓰는 것과 같은 경우지. 헤

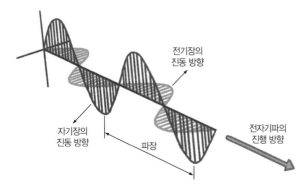

6-4 전기장과 자기장은 주기적으로 진동하면서 서로를 유도하며 빈 공간을 빛의 속도로 나아가는데 이 파동을 전자기파라고 해.

르츠가 전자기파를 실험적으로 발견한 뒤 얼마 지나지 않아 마르코니를 비롯한 다른 과학자들이 전자기파를 무선통신에 이용하는 방법을 찾게 돼. 1899년에는 대서양을 사이에 두고 북미와 유럽 사이에 최초로 무선통신이 성공하지.

전자기파는 곳곳에

자, 이제 전자기파에 대해 보다 구체적으로 알아볼 차례가 된 것 같구나. 그림 6-4는 진동하는 전기장과 자기장, 다시 말해 전자기파를 표현한 거야. 이 그림은 날아가는 전자기파의 순간을 포착한 사진 같은 거라고 생각하면 돼. 전기장의 변화가 자기장을 유도하고 자기장의 변화가 전기장을 유도하면서 서로 사이 좋게 날아가는 게 보이지? 재미있는 건 전기장과 자기장이 서로 수직인 상태로 진동한다는 것과 이 둘의 진동 방향은 파동의 진행 방향에 대해서도 수직이라는 사실이야. 특히 수면파나 음파, 지진파처럼 우리에게 친숙한 파동들은 앞서 설명한 것처럼 각각 물, 공기, 땅처럼 무엇인가 진동하는 매질이 있는 데 반해 전자기파는 매질이 없이도 진행하는 파동이야. 때문에 전자기파는 거의 진공 상태인 우주 공간에서도 전기장과 자기장이 서로 도와 가면서 전파해 나갈 수 있어. 그래서 태양이 발산하는 막대한 양의 전자기파가 우주 공간을 거쳐 지구로도 쏟아지는 거지. 우리는 그 전자기파 에너지에 기대어 살아가는 거고.

그럼 지금부터 전자기파를 어떤 식으로 분류하는지 알아보도록 할까? 다시 그림 6-4를 보자. 그림을 보면 자기장이나 전기장이 한 번 반복되는 패턴이 보이지? 그 패턴의 길이를 **파장**이라고 해. 파장은 전기장과 자기장이 각각 한 번씩 진동하면서 진행하는 거리를 의미하는데, 우린 전자기파를 파장에 따라 분류할 수 있어.

전자기파를 구분하는 또 다른 방법은 진동수야. 진동수는 파동이 1초 동안 진동하는 횟수를 의미해. 진동수가 10헤르츠라면 그 파동은 1초에 열 번 진동하는 거지. 그런데 파장과 진동수는 연결되어 있단다. 파장과 진동수를 곱하면 파동의 속도가 나오거든. [●] 전자기파에서 전자기파의 파장과 진동수를 곱하면 빛의 속도, 즉 광속이 되지. 그런데 광속은 변하지

〰● 속도는 어떤 거리를, 그 거리를 진행하는 데 걸리는 시간으로 나눈 양이야. 광속은 전자기파가 한 번 진동하며 나아가는 거리인 파장을, 한 번 진동하는 데 걸리는 시간(이를 주기라고 불러)으로 나눠 주면 돼. 그런데 이 주기는 진동수의 역수와 같단다. 예를 들어 주기가 0.1초라면 1초에는 열 번 진동하겠지? 그래서 둘 사이에는 역수 관계가 성립해. 파장을 주기로 나누면 파장에 진동수를 곱한 값과 같아.
〰●● 상수란 수식에서 변하지 않는 값이라는 뜻이야.

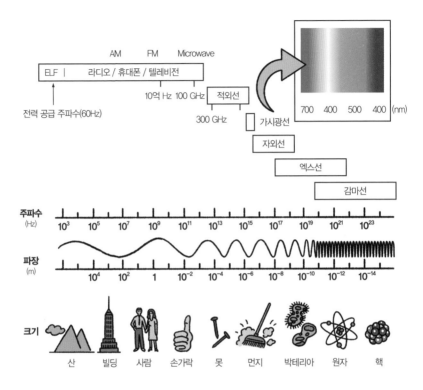

6-5 눈에 보이는 것이 전부가 아니야. 보이지 않는 영역에도 우리에게 도움 줄 것이 무궁무진해.

않는 값인 상수**거든. 파장과 진동수를 곱한 값이 상수니까 파장과 진동수는 서로 반비례 관계에 있어. 다시 말하면 파장 이 커지면 진동수가 작아지고, 진동수가 커지면 파장이 줄어 든다고 할 수 있지. 이제 이런 분류법에 따라 전자기파가 어떤 식으로 분류되는지 알아보도록 하자.

그림 6-5를 보면 파장과 진동수(주파수)에 따라 분류된 전자기파가 나열되어 있어. 파장이 긴 쪽은 각종 방송과 통신에 사용되는 전파와 마이크로파고, 파장이 짧은 쪽에는 적외선, 가시광선, 자외선, 엑스선, 감마선의 순으로 이름이 붙어 있어. 그림 맨 밑을 보면 전자기파의 파장이 얼마나 광범위한 영역에서 변하는지를 알 수 있을 거야.

그럼 이것들 중에서 우리에게 가장 친숙한 전자기파는 뭘까? 그래, 우리가 눈으로 직접 볼 수 있는 가시광선이지. 가시광선의 파장은 약 380~780나노미터(nm)* 정도에 걸쳐 있어. 파장이 긴 600나노미터 이상의 영역이 빨간색이고 파장이 짧아짐에 따라 점점 보라색에 가까워지는데 우리가 잘 아는 무지개색으로 빛의 색상이 변해 나가지. 가시광선보다 파장이 길어지면 적외선, 마이크로파, 그리고 방송통신에 사용되는 각종 전파의 영역으로 넘어가고 가시광선보다 파장이 짧은 영역에는 자외선, 엑스선, 감마선 등의 전자기파가 있어.**

〰● 여기서 nm는 나노미터(nanometer)란 영어 단위의 약자로서 10억분의 1미터를 의미해.
〰●● 전자기파와 빛에 대해 더 자세히 알고 싶으면 《빛 쫌 아는 10대》를 읽어 보렴.

자외선 차단제, 엑스선 촬영, 전자레인지(마이크로웨이브), 적외선 체열 진단기 등등 우리가 일상에서 사용하는 장치들에 붙어 있는 다양한 전자기파의 이름만 봐도 전자기파가 우리 생활에서 얼마나 다양하게 활용되는지 알 수 있겠지? 전자기파 이론을 처음으로 정립한 맥스웰이나 이를 최초로 실험으로 검증했던 헤르츠도 자신들의 노력으로 발견된 전자기파가 오늘날 이렇게나 광범위하게 응용되고 있을지는 전혀 상상하지 못했을 거야.

전자기파 만들기

지금까지 전자기파의 정체와 분류법에 대해 알아봤으니 이제부터는 전자기파가 어떻게 만들어지는지 알아보자. 전자기파를 만드는 방법에 대해서는 이미 그림 6-3에 힌트가 있었어. 전자기파를 만들려면 일단 시간에 따라 변하는 전기장이나 자기장이 있어야 해. 이 그림에서는 교류 전류를 이용해서 만드는 전자기파를 보여 주고 있어.

이제 그림 6-6을 보자. 이건 일종의 안테나라고 생각하면 돼. 안테나는 특정 파장 영역의 전자기파를 만들어 보내거나 받는 데 사용되는 장치를 의미해. 그림에서 위와 아래에 있는 두 파란색 막대는 전기가 통하는 전극이고 가운데 원 부분은 교류 전원이라고 생각을 하자. 이 전원 장치는 두 전극의 극성을 주기적으로 바꾸는 역할을 해. 즉, 처음에는 위의 전극이 양전하로 대전되고 아래 전극이 음전하로 대전되었다면 그다음에는 극성이 바뀌어 아래가 양전하로, 위가 음전하로 대전되는 과정이 주기적으로 반복되지.

극성이 다른 두 전하가 양쪽 두 전극에 갈라져 있다면 그림의 가장 왼쪽 화살표처럼 양전하에서 음전하로, 즉 아래 방향으로 전기장이 생기겠지? 그런데 그다음으로는 극성이 바뀌어야 하니까 두 전극의 전하량이 줄어들다가 극성이 바뀌기 직전에는 두 전극 모두 중성이 될 거야. 그러니 전기장의 세기도 점점 약해지다가 0이 되겠지. 다음으로 극성이 바뀌어 아래 전극이 양으로 대전되고 위의 전극이 음으로 대전되면, 이번엔 전기장의 방향이 위로 바뀔 거야. 이건 두 전극의 극성을 주기적으로 바꿔서 시간에 따라 변하는 전기장을 만들 수 있다는 걸 의미해. 그러면 뭐가 생긴다고 했지? 맞아. 자기장이야. 전기장의 변화는 자기장을 유도하지. 자기장의 변화는 전기장을 유도하고. 그림에는 자기장이 그려져 있지 않지만 이 둘이 서로를 유도하며 퍼져 나가는 패턴은 그림 6-4에서 확인한 바 있어.

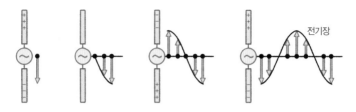

6-6 극성이 주기적으로 바뀌면서 시간에 따라 변하는 전기장의 모습

　그런데 여기에는 한 가지 더 중요한 원리가 숨어 있단다. 그림 6-6에서 보이는 전하의 운동은 뭘까? 양전하를 기준으로 얘기하면 양전하는 두 전극을 왔다 갔다 하는 왕복 운동을 하지. 수시로 방향이 바뀌며 진동을 하는 거야.

　물리학에서 운동은 등속 운동과 가속 운동으로 나눌 수 있어. 등속 운동은 말 그대로 운동하는 물체의 방향이나 빠르기(속력)가 변하지 않고 일정하게 직선으로 움직이는 걸 뜻해. 반면 가속 운동은 물체의 빠르기가 변하면서 느려지거나 빨라지는, 혹은 빠르기는 일정하더라도 물체의 운동 방향이 바뀌는 운동을 얘기해. 후자의 예로는 등속 원운동이 있지. 이런 기준으로 보면 그림 6-6에서 전하가 보여 주는 운동은 가속 운동이야. 방향이 수시로 변하고 빠르기도 계속 바뀔 테니까 말이야. 여기에 전자기파는 전하가 가속 운동을 할 때 만들어진다는 원리가 숨어 있어. 전하가 움직일 때 빠르기가 변하거나 방향이 바뀌면 전자기파가 생기지.

다른 예를 하나 더 들어 보자. 4장에서 가속기 얘기를 했던 것 기억나니? 원형 가속기 내부를 도는 전자는 운동 방향을 바꿀 때 엑스선을 방출한다고 했어. 엑스선은 전자기파의 일종이지. 전자와 같은 전하의 움직이는 방향을 변경할 때 자기장에 의한 로렌츠 힘을 이용한다는 것도 기억이 날 거야. 그런데 왜 전자의 운동 방향이 변하면 엑스선과 같은 전자기파가 만들어지는지에 대해선 당시 아무런 얘기를 하지 않았지. 그런데 이제서야 그 이유가 명확해진 거야. 저장링을 도는 전자의 운동 방향이 바뀌는 건 가속 운동에 해당이 돼. 그리고 전하가 가속 운동을 하면 전자기파가 만들어지지.

그림 6-7을 보자. 원형과 비슷하게 생긴 부분이 방사광 가속기의 저장링, 즉 전자가 운동하는 링이야. 파란색으로 표시된 장치들은 전자의 운동 방향을 바꿀 때 사용하는 자석을 나타낸 거고. 자석과 자석 사이의 궤적에서는 전자가 직선 운동을 해. 등속 운동일 테니 그 부분에서는 전자기파가 만들어지지 않지. 그러다가 자석 부분을 지날 때 로렌츠 힘에 의해 방향이 바뀌는 순간 운동하던 방향, 즉 그림의 녹색 화살표 방향으로 전자기파인 엑스선을 방출해. 엑스선이 나오는 곳에 다양한 실험 장치를 꾸며 놓고 연구에 활용하는 거지.

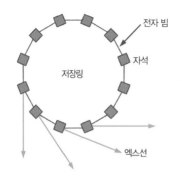

전자 빔

자석

저장링

엑스선

6-7 방사광 가속기의 전자의 가속운동에 의해
만들어지는 엑스선

정리하자면 전자기파는 전하의 가속 운동을 이용해 만들 수 있어. 이렇게 만들어지는 전자기파는 파장에 무관하게 동일한 속도, 즉 광속으로 날아가지. 우리가 오늘날 누리는 문명은 전자기파 문명이라고 해도 과언이 아니야. 그만큼 우리는 전자기파에 기대어 생활하고 있고 문명이 지속되는 한 이는 바뀌지 않을 거야. 하지만 전기와 자기, 그리고 전자기파가 우리 생활에서 구체적으로 어떻게 활용되는지 아직 감이 오지 않을지도 모르겠다. 그래서 다음 장에서는 보다 구체적인 예를 들면서 지금까지의 여행에서 배웠던 다양한 개념과 원리들을 정리해 보자.

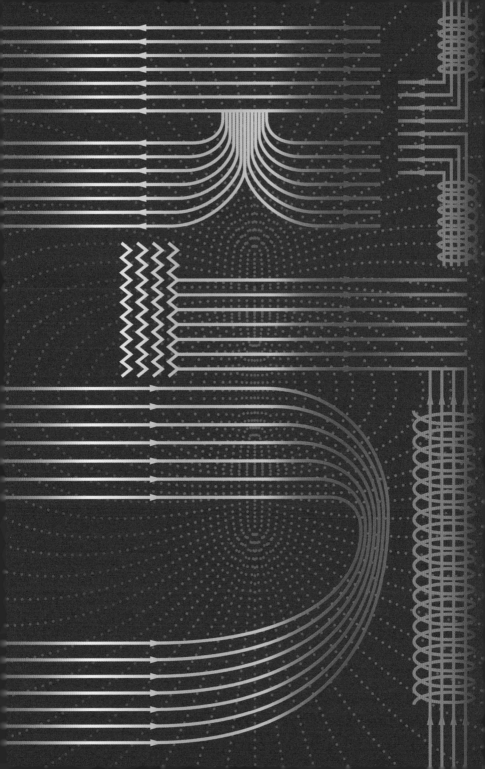

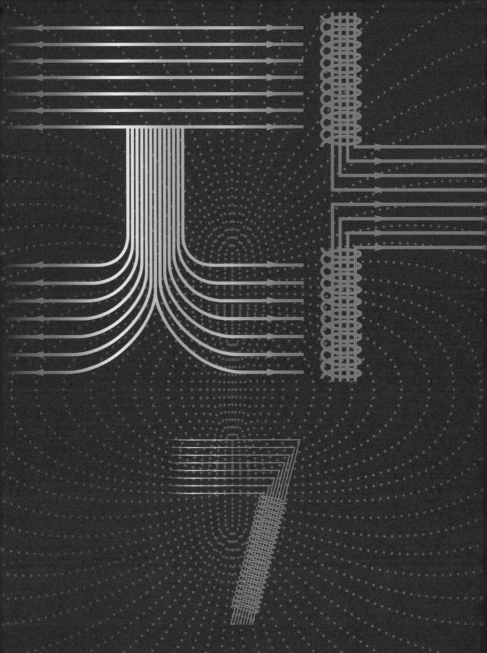

새로운 기술 혁신과 전자기

4차 산업혁명 시대

지금까지의 여행이 어땠는지 모르겠어. 재미있었지만 전기, 자기, 전자기 유도와 전자기파 등 다양한 개념과 원리가 너무 많이 나와서 헷갈릴 수도 있는데, 그건 너무나 당연해. 이공계 분야를 전공하는 대학생들도 전자기학 과목을 1년은 배울 만큼 전자기는 배우기 어려운 주제야. 하지만 동시에 이공계에서 전자기학의 역할이 그만큼 중요하다는 이야기이기도 하지.

그런데 여행을 마무리하는 시점에서 전자기를 약간 다른 측면에서 바라봐도 좋을 것 같아. 바로 우리 일상에서 만나는 기술들 속에 전자기가 어떤 식으로 활용되는지 살펴보는 거야. 4차 산업혁명, 요즘 자주 들었지? '4차'라는 말은 이전에 세 번의 산업혁명이 있었다는 이야기겠지. 그러니 4차 산업혁명을 이해하기 전에 1차~3차 산업혁명을 알아보자.

1차 산업혁명은 18세기 중반 영국에서 발명된 증기기관을 바탕으로 섬유, 철강, 기계 산업 등이 발전하는 사건과 시기를 말해. 이 산업들을 바탕으로 대량생산 시대가 열리고 철도 같은 운송 수단의 발전으로 물자가 빠르게 도시로 공급됐지. 또 전기의 본격적인 사용과 통신 수단 및 내연 기관의 혁명적 발전이 이루어지는 19세기 말의 변화가 2차 산업혁명이야. 백열전구라 불리는 램프와 전화, 라디오, 무선통신 등이 이때 등장했지. 그리고 20세기 중후반부터는 컴퓨터와 인터넷의 발달로 이른바 3차 산업혁명이 촉발됐어. '정보혁명의 시대'라고도 부르는데, 공장과 사무실에 자동화가 이루어졌고 인터넷이라는 사이버 공간에 기반을 둔 회사들도 대거 등장했어. 우리나라도 이 시기에 정보통신 분야에서 급격한 성장을 이루면서 경제적 위상이 많이 높아졌지.

그다음으로 등장한 게 4차 산업혁명인데 사실 요즘 4차 산업혁명의 실체가 무엇인지에 대해서는 논란이 많아. 한 측에서는 21세기 들어 급격히 발전하는 로봇 공학, 인공지능, 가상현실, 사물인터넷● 같은 네트워크 기술의 발달 등이 만든 산업과 문명의 변화가 4차 산업혁명의 주축이라 여겨. 그러나 이런 기술 발전은 아직 현재 진행형이라 이를 4차 산업혁명이라고 부를 만한 근거가 약하다는 반론도 있지. 분명하지는 않아도 사람들이 주목하는 새로운 기술 혁신이 오늘날 커다란 변화를 일으키는 것만은 사실인 것 같아. 여기서는 점점

ᴡᴡ● 사물인터넷은 영어로 IoT(Internet of Things)라 불리는데, 각종 전자 기기와 장비에 통신 기능과 센서를 내장해서 인터넷에 연결하는 기술을 의미해. 이 기술이 실용화되면 무선통신으로 여러 사물을 원격 조정할 수 있지. 집 밖에 있는 우리가 사물인터넷에 연결된 에어컨이나 공기청정기를 휴대전화로 작동시키는 게 그 예야.

더 빨라지는 과학과 기술의 발전 속에서 이를 이끄는 데 중요한 역할을 하는 전자기 기반 기술 몇 가지를 다룰 거야.

초연결 사회 속 전자기파

오늘날 인류가 누리는 정보통신 문명을 특징짓는 중요한 키워드로 **연결성** 혹은 네트워크가 떠올라. 개인과 사물, 단체, 기관, 나라 등 여러 곳에서 나오는 엄청난 정보가 다양한 통신망을 따라 끊임없이 전달되고 공유되지. 우리가 휴대전화를 사용해 인터넷에 접속하는 것은 거대한 정보의 바다로 들어가는 것과 같아. 게다가 예전처럼 신문이나 방송국 뉴스를 통해 수동적으로 정보를 받아들이는 게 아니라 능동적으로 정보를 찾고 주고받는 게 일상화됐지. 우리는 비록 물리적으로 멀리 떨어져 있어도 인터넷을 통해 실시간으로 연결되어 있어. 어떤 이는 엄청나게 빨라진 통신 속도와 사용자를 포함한 많은 것이 촘촘히 연결된 통신 환경을 과거와 구분하기 위해 **초연결성**이란 표현을 쓰기도 하지.

컴퓨터 앞에 앉은 나 자신을 한번 떠올려 보자. 우리를 둘러싼 공간 속에 몇 종류의 통신이 있을까? 통신이라고 하면 제일 먼저 인터넷망과 휴대전화를 떠올릴 거야. 그리고 와이

파이나 블루투스처럼 가까이에 있는 기기들을 연결해 주는 통신도 있지. 옛날부터 사용된 TV나 라디오용 전파, GPS*나 위성방송에 쓰이는 전파들도 끊임없이 우리 주변을 돌아다니고 있다는 점도 잊지 말아야겠지.

가정에 보급된 인터넷망을 살펴볼까? 오늘날 인터넷망은 주로 광통신을 이용해 구축되어 있어. 광통신을 구성하는 광섬유(Optical Fiber)는 빛이 지나갈 수 있는 유리 섬유를 말해. 정확히는 눈에 보이지 않는 적외선 펄스**를 이용해 정보를 전달하지. 그렇지만 우리가 태블릿이나 스마트폰 같은 휴대기기를 이용해 인터넷에 접속하려면 와이파이 공유기를 통해 무선으로 접속하지.

와이파이(Wi-Fi)란 가까운 데 있는 장치들을 공유기에 연결해 주는 통신 기술로 무선 랜(Wireless LAN)이라고도 불려. 그런데 휴대기기와 공유기 사이에 정보를 전달하는 건 누구일까? 그건 우리가 6장에서 공부한 전자기파야. 와이파이는 전자기파 중에서도 주파수가 2.4~5기가헤르츠 대역의 전자기

파를 사용한단다. 이 주파수 대역의 전자기파는 파장으로 따지면 대략 10센티미터 정도에 해당돼. 그럼 마우스나 헤드폰, 스마트폰 등 휴대용 기기들 사이에 근거리 통신을 담당하는 블루투스(Bluetooth)는 어떨까? 이것도 와이파이와 비슷한 2.4~2.48기가헤르츠 대역의 주파수를 사용하지.

하지만 무선통신의 꽃은 뭐니 뭐니 해도 우리가 매일 사용하는 휴대전화야. 휴대전화가 주변 기지국에 연결되어 작동한다는 건 알고 있지? 친구에게 전화를 걸면 휴대전화는 나와 가장 가까운 기지국에 연결되고, 나의 음성 신호는 몇 단계를 거쳐 친구가 있는 곳과 가장 가까운 기지국에 전달돼. 이때 기지국과 기지국 사이는 유선으로 연결되어 있지만, 우리와 기지국 사이에서 목소리를 실어 나르는 것은 전자기파야. 친구가 있는 곳의 기지국과 친구의 휴대폰을 연결하는 것도 무선통신이고. 휴대전화 같은 이동통신에 사용되는 전자기파의 주파수 대역은 0.8~3.5기가헤르츠 정도야. 흔히 LTE(Long Term Evolution)라 불리는 무선통신에는 우리나라의 경우 0.8~2.6기가헤르츠 대역의 주파수가 사용된다고 해. 이동통신 회사가 사용하는 주파수는 국제기구와 각국 정부에 의해 엄격히 관리·배분되고 있어. 왜냐하면 나라나 기업마다 자기가 원하는 주파수를 마음대로 사용하면 전자기파 사이에

간섭이 일어나 큰 혼동이 생기기 때문이지.

그런데 최근 이동통신 환경은 커다란 변화를 겪고 있단다. 2018년 12월 1일, 우리나라에서 최초로 송출된 5G(5세대) 이동통신 서비스에는 우리나라에서도 이미 수백만 명이 가입했어. G라는 말은 짐작했겠지만 세대를 뜻하는 영어 단어 Generation의 약자로 이동통신이 발전해 온 단계를 표현해. 몇 년 전만 해도 2G, 3G, 4G 기술을 내세운 통신사들의 경쟁이 치열했고 광고도 쏟아져서 너희들도 익숙할 거야. 과거에는 음성 신호만 전달하던 이동통신 기술이, 오늘날에는 몇 초도 안 돼서 영화 한 편을 다운받을 수 있을 만큼 엄청난 양의 정보를 고속으로 실어 나를 정도로 발전해서 개인과 개인을 연결하는 필수적인 수단이 되었으니 격세지감을 느끼지 않을 수 없어.

그럼 5G 통신이란 그전의 기술과 어떤 차이가 있는 걸까? 5G 통신의 키워드는 초고속, 초저지연, 초연결 등이야. 이전의 이동통신 기술에 비해 훨씬 줄어든 시간 지연과 빠른 정보 전달 속도를 통해 사물인터넷, 스마트 공장, 자율주행 등 다양한 차세대 산업 분야에 긍정적인 영향을 줄 것으로 기대하고 있지. 현재는 3.5기가헤르츠 대역의 주파수를 사용하면서 부분적으로 LTE 기술의 도움도 받고 있지만 가까운 미래에는 기존 통신 기술로부터 완벽히 독립하면서 주파수도 28기가헤르츠의 고주파수 전자기파로 확대될 전망이야.

여기서 정보 전달에 사용되는 전자기파의 주파수와 통신의 특징에 대해 간략히 얘기를 해 볼 필요가 있겠구나. 통신에서 주파수가 높아지면 데이터를 전송하는 대역폭이 넓어지기 때문에 같은 시간에도 더 많은 데이터를 보낼 수 있다고 해. 대역폭이 넓어진다는 것은 도로를 확장공사해서 차선이 늘어나 이전보다 더 많은 자동차가 다닌다는 말과 비슷하지. 그런데 전자기파는 주파수가 증가하면 파동이 퍼지는 성질이 줄어들면서 직진성이 강해지는 특징을 갖고 있어. 6장에서 살펴봤듯이 주파수가 증가하면 전자기파의 파장이 짧아지기 때문이야. 전자기파의 파장이 길면 장애물들을 돌아서 진행할 수 있지만 고주파수에서의 전자기파는 파장이 짧아져서 장애물을 돌아가기 힘들어지고 건물 등에 막혀 통신이 어려워져. 따라서 한 기지국이 담당할 수 있는 통신 가능 영역이 줄어든다고 해. 그래서 이동통신 회사들은 스몰 셀(Small Cell)이라 불리는 소형 기지국을 더 촘촘히 배치해서 5G 통신망을 운영하고 있지. 이렇게 되면 더 많은 안테나를 이용해 흡사 무대 위 배우에게 스포트라이트를 쏘듯이 개인별로 전파를 쏘아 줄 수 있으니 통신의 품질이 더 좋아질 것으로 기대되지.

어때, 이렇게 살펴보니 지금 우리 주변 보이지 않는 공간에서 얼마나 다양한 종류의 전자기파가 온갖 정보를 싣고 열심히 돌아다니며 일을 하는지 실감되지 않니? 오늘날처럼 무선통신이 보편화되고 더 빠르고 더 강력한 통신 기술이 등장하는 시대에 우리는 모두 전자기파로 연결된 존재라는 걸 알 수 있을 거야. 게다가 디지털 네트워크의 주인공은 사람만이 아니야. 오늘날에는 사물과 사물을 연결하는 사물인터넷도 중요성이 커지고 있고 그 비중도 계속 늘어날 전망이야. 전자기파 이론을 처음으로 수립했던 맥스웰도, 전자기파의 존재를 최초로 실험으로 검증했던 헤르츠도, 그리고 대서양을 횡단하는 무선통신에 가장 먼저 성공했던 마르코니도 전자기파가 인류 문명을 이 정도로 크게 변모시킬 것이라곤 상상도 못했을 거야. 초연결시대에 전자기파의 역할과 영향력은 더욱 증가할 것 같아. 그리고 이로 인해 열리는 새로운 기회와 가능성은 우리 삶을 더욱 풍성하게 만드리라 생각해. 아니, 그 기회와 가능성을 모두가 고르게 누릴 수 있도록 우리가 다 함께 힘써야겠지.

이동의 필수 동반자

자, 이제부터는 오늘날 우리 삶을 특징짓는 또 하나의 중요한 기술에 대해 이야기를 펼쳐 볼까 해. 다음에 열거되는 기기들의 공통점이 무엇인지 맞혀 볼래? 휴대전화, 전기차, 노트북, 태블릿, 전자 시계, 블루투스 헤드폰…. 맞아, 이런 기기는 모두 전지, 즉 배터리를 내장하고 있다는 거야. 나도 출장을 갈 때에는 무엇보다도 이런 기기들을 충전할 수 있는 충전기, 어댑터, 그리고 보조 배터리들을 먼저 챙긴단다. 이 정도면 배터리는 현대인의 이동에 필요한 필수 동반자라고 할 수 있지 않을까? 휴대전화의 배터리 잔량이 떨어져 갈 때 현대인이 느끼는 불안감은 세계 공통일 거야.

그럼 전지라고도 부르는 배터리 기술에 대해 한번 알아볼까? 배터리는 전기 에너지를 저장하는 대표적인 장치지. 전기 에너지를 얻는 방법으로 5장에서 전자기 유도를 설명한 바 있어. 코일을 통과해 지나가는 자기장의 양이 변하면 전자기 유도에 의해 코일에 유도 기전력이 생기고 유도 전류가 흘

●존 구디너프(John B. Goodenough, 1922~), 스탠리 휘팅엄(M. Stanley Whittingham, 1941~) 및 아키라 요시노(Akira Yoshino, 1948~) 등 세 명의 과학자는 리튬 이온 배터리를 개발한 공로로 2019년 노벨 화학상을 받았어. 특히 구디너프 교수는 97세의 나이로 노벨상을 수상해 역대 최고령 수상자가 됐지.

렀지. 이게 발전소에서 전기를 생산하는 기본적인 방법이야. 배터리는 전기 에너지를 얻는 또 다른 대표적인 방법이지. 오늘날 휴대 기기에 가장 많이 사용되는 리튬 이온 배터리를 발명한 과학자들이 2019년 노벨 화학상을 받았어.* 그만큼 배터리 기술이 우리 생활에 미치는 영향이 크다는 걸 의미해.

배터리는 기본적으로 화학 에너지를 전기 에너지로 바꾸는 장치야. 화학 작용을 통해서 전하의 위치 에너지를 높여 내부에 저장하는 거지. 중력으로 비유하면 물을 위치 에너지가 높은 곳으로 끌어 올리는 물펌프와 비슷한 역할을 해. 그렇게 저장된 전하를 전류의 흐름으로 바꾸어 사용하는 거지. 전지는 한 번 사용하고 폐기하는 1차 전지와 사용 후 충전을 해서 다시 사용할 수 있는 2차 전지로 나눌 수 있어. 1차 전지로는 우리가 일상적으로 사용하는 건전지가 대표적이고, 2차 전지의 대표 주자는 다양한 휴대 기기에서 사용되는 리튬 이온 배터리지. 그런데 배터리의 성분과 종류는 매우 다양하지만 기본 구조는 공통적으로 양극과 음극 및 그 사이의 전도성 매질로 구성되어 있단다.

여기서는 2019년 노벨 화학상 수상자들이 개발했고 오늘날 가장 많이 사용되는 2차 전지인 리튬 이온 배터리의 원리를 살펴보면서 전지의 원리를 이해해 보자. 리튬(Li)은 원자번호가 3번이고 이온 상태에서는 +1가의 양이온(Li^+)으로 존재하지. 그림 7-1을 같이 보자. 그림처럼 이 배터리는 음극과 양극, 그 사이에 놓인 전해질 용액과 분리막 등 네 가지 요소로 구성되어 있어. 여기서 분리막은 양극의 물질과 음극의 물질이 섞이지 않도록 차단하는 역할을 한다고 해. 단, 분리막에는 미세한 구멍이 나 있기 때문에 리튬 이온이 이동하는 데는 전혀 문제가 없지. 두 전극 사이의 공간은 전해질 용액*으로 채워져 있는데 이 용액을 통해 리튬 이온이 양극과 음극 사이를 이동할 수 있어.

그럼 리튬 이온은 어디에 있을까? 리튬은 양극을 구성하는

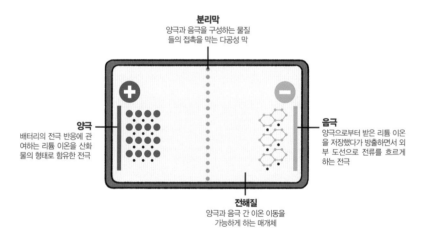

분리막
양극과 음극을 구성하는 물질
들의 접촉을 막는 다공성 막

양극
배터리의 전극 반응에 관
여하는 리튬 이온을 산화
물의 형태로 함유한 전극

음극
양극으로부터 받은 리튬 이온
을 저장했다가 방출하면서 외
부 도선으로 전류를 흐르게
하는 전극

전해질
양극과 음극 간 이온 이동을
가능하게 하는 매개체

7-1 리튬 이온 배터리의 구조

성분 중 하나야. 양극은 리튬 산화물로 구성되어 있는데 외부에서 전압을 가해 충전할 경우에는 양극의 리튬이 양이온의 상태로 흘러나와 전해질을 통해서 음극으로 이동하지. 이때 리튬이 남겨 놓은 전자는 외부의 도선을 통해서 음극으로 흘러가. 이 과정에서 리튬 이온의 전기적 위치 에너지가 높아져. 흡사 언덕 아래에 있는 공을 언덕 위로 밀어 올리는 것, 혹은 물펌프로 아래쪽의 물을 위로 올리는 것과 비슷한 상황이지. 이후에 충전된 배터리를 사용하면 리튬 양이온이 음극에서 전해질을 통해 다시 양극으로 흐르고 전자도 외부 도선을 통해 흐르며 도선에 연결된 기기가 필요로 하는 전류를 만들지. 높아진 전기적 위치 에너지가 사용되는 거야.

리튬 이온 배터리는 이런 충·방전 과정을 수백 혹은 수천 번이나 할 수 있고 같은 공간에 저장할 수 있는 전기 에너지의 양이 많기 때문에 오늘날 휴대용 2차 전지의 대표 주자로 우뚝 설 수 있었어. 게다가 최근에는 그 사용처가 휴대전화 등 소형 기기에만 국한된 것이 아니라 전기자동차 같은 커다란 장치의 핵심 부품으로도 확대되고 있단다. 이제 자동차는

〰●전해질은 용액 속에 녹아 이온으로 변해서 전류를 형성할 수 있는 물질을 말해. 가령 소금을 물에 녹이면 염소와 나트륨이 각각 음이온과 양이온으로 변하면서 전류를 통할 수 있는 전해질 용액이 돼.

내연기관의 시대가 저물면서 전기차의 시대로 넘어가는 추세
이니만큼 배터리에 대한 연구와 기술 개발도 더욱 활발히 진
행될 것이고 이 분야에서도 우리나라 몇몇 기업이 높은 기술
수준을 보이고 있어.

하드디스크와 자기장

어때. 무선 이동통신과 전기 배터리에 대해 살펴보니 전자
기의 기본 원리가 얼마나 중요한지, 그리고 그것이 현대 문명
을 이끄는 핵심 기술들 속에 얼마나 자연스럽게 녹아들어 있
는지 느껴지지 않니? 오늘날의 혁신적인 기술과 전자기의 관
계까지 알아봤으니 이제 정말 여행을 마무리할 때가 되었구
나. 어… 뭐라고? 아, 왜 자기에 대해서는 예를 들어 주지 않
았냐고? 그래, 그걸 잊고 있었네.

사실 전기나 전자기파뿐 아니라 자기 현상이 사용되는 기
술이나 응용 분야가 무궁무진한데, 여기서 가장 대표적이고
손쉬운 예로 컴퓨터의 하드디스크를 가져와 볼게. 왜 첨단 기
술에 대해 얘기하지 않고 어렸을 적부터 접하고 사용해 온 하
드디스크를 예로 드냐고? 그건 사실 하드디스크에는 우리가
자기 분야에서 배웠던 대부분의 원리가 집약되어 있기 때문

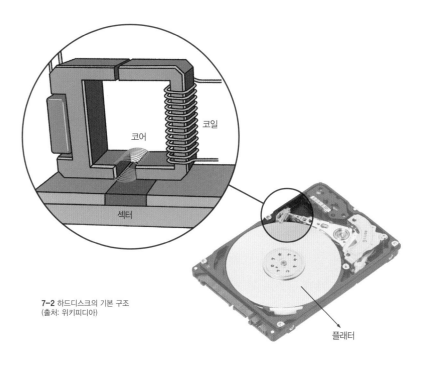

코어

코일

섹터

플래터

7-2 하드디스크의 기본 구조
(출처: 위키피디아)

이야. 자기 테이프처럼 자성체를 이용하는 저장 장치들의 원리는 거의 비슷해. 즉 하드디스크는 자기에 대해 복습할 수 있는 최적의 예라 할 수 있지.

그림 7-2를 보자. 이 그림은 하드디스크의 기본 구조를 보여 주고 있는데 가장 핵심이 되는 것은 플래터라 부르는 판이야. 플래터 위에는 산화철과 같은 자성 물질이 얇게 코팅되어 있어. 자성 물질이라 하면 우리가 자석의 자기장을 이용해 한

방향으로 정렬할 수 있는 물질이라는 얘기야. 즉 코팅된 자성 물질을 섹터라 불리는 작은 구역별로 정렬시켜서 N−S극을 나타내는 미니 자석으로 만들 수 있다는 거지. 구역별로 정렬시킬 때 N극을 정렬시키는 방향이 가령 좌우나 위아래와 같이 두 방향이라면 N극의 정렬 상태에 따라 이진수*의 0이나 1을 대응시킬 수 있어. 가령 섹터 내 자성 물질의 N극이 위쪽 방향이면 0, 아래 방향이면 1에 대응시킬 수 있지. 그리고 이것을 정렬하는 임무는 플래터 위에 떠 있는 자기 헤드가 담당하지. 그림을 다시 보면 자기 헤드는 코어라 불리는 철심에 코일이 감긴 구조로 된 걸 알 수 있어. 코일에 전류를 흘리면 어떻게 될까? 그래, 전류에 의해 자기장이 생기면서 철심을 따라 흘러가지. 이 자기장이 철심 아래 있는 자성 물질을 자화시켜서 자극의 방향을 결정해. 이게 바로 하드디스크에 데이터를 기록할 때 일어나는 과정이야.

　그러면 하드디스크에 기록된 정보는 어떻게 읽을 수 있을까? 정보가 기록되어 있는, 즉, 자성 물질이 정보에 따라 작은 자석처럼 정렬한 섹터에 코어가 가까이 간다고 해 보자.

ᴡᴡᴡ● 우리가 일상 생활에서 사용하는 십진법은 0에서 9까지 열 개의 숫자로 수의 체계를 표현하지만 이진수에서는 0과 1 두 숫자로만 수의 체계를 나타낸다.

코어가 섹터에 놓인 작은 자석에 가까이 가는 셈이지? 그럼 코어가 느끼는 자기장이 달라지고 코어를 통해 코일이 느끼는 자기장도 달라지지. 코일을 통해 지나가는 자기장이 변하면 어떤 일이 일어난다고 했지? 맞아. 전자기 유도에 의해 코일에 전류가 흘러. 이 전류의 방향은 섹터의 자석의 방향과 이로 인해 발생하는 자기장의 방향에 따라 달라지니까 전류의 방향을 읽어서 저장된 정보를 알 수가 있어. 어때, 우리가 흔히 사용하는 하드디스크 하나만 보더라도 자기장에 대해 배웠던 온갖 원리가 구현되어 있다는 게 신기하지 않니? 물론 오늘날에는 위에 설명한 전통적인 방법 대신에 자기장에 의해 저항이 바뀌는 자기저항 물질을 이용하는 방법이 더 보편적으로 적용되고 있어.

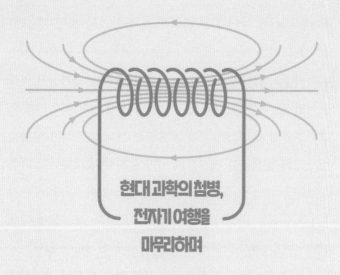

현대 과학의 첨병, 전자기 여행을 마무리하며

지금까지의 여행이 어땠는지 모르겠네. 처음에 전기와 자기라는 이란성 쌍둥이를 소개했어. 전기 현상과 자기 현상의 다양한 예를 통해서 말이야. 그런데 여행하면서 이 두 현상은 별개가 아니라 전류를 매개로 연결됐다는 걸 알았지. 전류의 흐름이 자기장을 만들고 자기장의 변화는 전기장을, 전기장의 변화는 또 자기장을 만든다는 것을 안 뒤 전자기파의 실체를 이해할 수 있었어. 두 현상이 전자기파 속에 합쳐지는 과정을 구체적으로 살펴본 거지. 패러데이와 맥스웰을 거치며 전기에 대한 학문, 자기에 대한 학문, 그리고 전자기파와 빛에 대한 학문이 하나로 통합된 거야.

그러나 이게 여행의 끝은 아니야. 맥스웰이 확립한 전자기파 이론은 결국 아인슈타인의 상대성 이론으로 이어지게 돼. 여행의 끝 무렵에 골치 아픈 이야기를 하게 돼서 미안한데, 양전하가 하나 있다고 하자. 옆에 가만히 있는 우리는 양전하가 만드는 전기장을 측정할 수 있어. 그런데 양전하는 가만히 있고 우리가 그 옆을 뛰어가며 양전하를 관찰한다고 해 보자. 관점을 바꾸면 뛰어가는 우리 눈에, 우리는 가만히 있고 양전하가 우리 옆으로 흘러가는 것처럼 보일 수도 있지. 그리고 전하가 흘러간다는 것은 전류가 흐른다는 의미니까 움직이는 전하에 의해 생기는 자기장도 측정할 수 있어. 가만히 있는 전하에 대해 우리도 정지해 있으면 전기장이 존재하지만 우리가 뛰어가면 전기장뿐 아니라 자기장도 발생하는 거야. 그러면 우리와 전하의 상대적 운동에 따라 실체가 달라지는 걸까? 그렇지는 않아. 오히려 이 상황은 결국 전기장과 자기장은 동일한 현상의 다른 측면이라는 걸 의미해.

책의 마지막 부분에서 굳이 이 어려운 상황을 보여 준 이유는, 전자기에 대한 여행을 여기서 마치지 않았으면 하는 마음에서 조언하고 싶기 때문이야. 전기장과 자기장, 전기력과 자기력 사이의 관계는 아인슈타인의 상대성 이론에서 완벽히 이해할 수 있어. 그리고 전자기파의 이론은 양자역학을 포함한 현대물리학의 발전과도 연결되지. 이 책을 통해 결국 너희는 전자기를 아는 10대가 되었지만 이 짧은 여행의 끝에서 너희는 또 다른 새로운 여행의 출발점에 선 거야. 그 여행은 너희가 새로운 배움의 단계에 다시 섰을 때 시작할 수 있을 거라고 봐.

어지러울 정도로 빠르게 변하는 기술과 문명의 진화 과정에서 전자기를 포함한 현대과학을 보다 잘 이해하려는 노력은 현대인의 숙명인지도 모르겠어. 앞으로 이어질 너의 새로운 여행을 진심으로 응원할게.

참고문헌

고교수학으로 배우는 맥스웰의 방정식 타케우치 아츠시 지음, 김현영 옮김, 도서출판 홍, 2003

만득이의 물리귀신 따라잡기 2 이공주복 지음, 한승, 1998

보이지 않는 것들의 물리학 이순칠 지음, 정재승 기획, 해나무, 2015

알고 보면 재미나는 전기 자기학 박승범·이창효 지음, 전파과학사, 1993

이제라도 전기문명 곽영직 지음, 도서출판 세로, 2021

일렉트릭 유니버스 데이비드 보더니스 지음, 김명남 옮김, 글램북스, 2014

전기와 자기 밀고 당기기 한국물리학회 지음, 동아엠앤비, 2016

전기의 역사 이봉희 지음, 기파랑, 2016

전자기학의 ABC 후쿠시마 하지메 지음, 손영수 옮김, 전파과학사, 2019

전자정복 데릭 청·에릭 브랙 지음, 홍성완 옮김, 지식의 날개, 2015

LED(발광 다이오드)를 통해 본 전자기의 세계 (2018 카오스 마스터클래스 '물리' 3강) https://ikaos.org/kaos/video/view.php?id=715

초판 1쇄 발행 2020년 6월 15일
초판 4쇄 발행 2024년 5월 24일

지은이 고재현
그린이 방상호

펴낸이 홍석
이사 홍성우
인문편집부장 박월
편집 박주혜·조준태
디자인 방상호
마케팅 이송희·김민경
제작 홍보람
관리 최우리·정원경·조영행

펴낸곳 도서출판 풀빛
등록 1979년 3월 6일 제2021-000055호
주소 07547 서울특별시 강서구 양천로 583 우림블루나인 A동 21층 2110호
전화 02-363-5995(영업), 02-364-0844(편집)
팩스 070-4275-0445
홈페이지 www.pulbit.co.kr
전자우편 inmun@pulbit.co.kr

ISBN 979-11-6172-766-0 44420
979-11-6172-727-1 44080 (세트)

이 도서의 국립중앙도서관 출판예정도서목록(CIP)은 서지정보유통지원시스템 홈페이지(http://seoji.nl.go.kr)와
국가자료종합목록 구축시스템(http://kolis-net.nl.go.kr)에서 이용하실 수 있습니다.
(CIP제어번호 : CIP2020017913)